Überreicht vom Verfasser

SITZUNGSBERICHTE DER SÄCHSISCHEN AKADEMIE
DER WISSENSCHAFTEN ZU LEIPZIG

Mathematisch-naturwissenschaftliche Klasse

Band 105 · Heft 7

HARALD HILBIG

EXISTENZSATZ FÜR BEGRENZTE POTENTIALSTRÖMUNGEN MIT TOTWASSER UM EIN VORGEGEBENES HINDERNIS

AKADEMIE-VERLAG · BERLIN
1964

BERICHTE ÜBER DIE VERHANDLUNGEN DER SÄCHSISCHEN AKADEMIE DER WISSENSCHAFTEN ZU LEIPZIG

(Ab Band 105 SITZUNGSBERICHTE DER SÄCHSISCHEN AKADEMIE DER WISSENSCHAFTEN ZU LEIPZIG)

MATHEMATISCH-NATURWISSENSCHAFTLICHE KLASSE

Band 97

Heft 1 Prof. Dr. ERICH STRACK, Beobachtungen über den endogenen Anteil des Kot-Stickstoffs 24 Seiten — 8° — 1949 — DM 2,50 *(vergriffen)*

Heft 2 Prof. Dr. ERNST HÖLDER, Über die Variationsprinzipe der Mechanik der Kontinua 13 Seiten — 8° — 1950 — DM 2,75 *(vergriffen)*

Heft 3 Dr. H. GERSTNER / Dr. H. BAARK / Dr. H. GRAUL, Der Wechselstromwiderstand der Froschhaut 25 Seiten — 8° — 1950 — DM 2,75 *(vergriffen)*

Heft 4 Prof. Dr. HERBERT BECKERT, Existenz- und Eindeutigkeitsbeweise für das Differenzenverfahren zur Lösung des Anfangswertproblems, des gemischten Anfangs-Randwert- und des charakteristischen Problems einer hyperbolischen Differentialgleichung zweiter Ordnung mit zwei unabhängigen Variablen 42 Seiten — 8° — 1950 — DM 9,—

Heft 5 Prof. Dr. HERBERT BECKERT, Über quasilineare hyperbolische Systeme partieller Differentialgleichungen erster Ordnung mit zwei unabhängigen Variablen. Das Anfangswertproblem, die gemischte Anfangs-Randwertaufgabe, das charakteristische Problem 68 Seiten — 8° — 1950 — DM 14,50 *(vergriffen)*

Heft 6 Prof. Dr.-Ing. ENNO HEIDEBROEK, Das Verhalten von zähen Flüssigkeiten, insbesondere Schmierflüssigkeiten, in engen Spalten
Nachdruck — 40 Seiten — 24 Abbildungen — 8° — 1952 — DM 5,80 *(vergriffen)*

Heft 7 Prof. Dr. HANS SCHUBERT, Über eine lineare Integrodifferentialgleichung mit Zusatzkern 52 Seiten — 8° — 1950 — DM 9,25 *(vergriffen)*

Heft 8 Dipl.-Phys. HERMAR KRUPP, Bestimmung der allgemeinen Lösung der Schrödinger-Gleichung für Coulomb-Potential 28 Seiten — 8° — 1950 — DM 5,50 *(vergriffen)*

Band 98

Heft 1 Prof. Dr. WALTER SCHNEE, Über magische Quadrate und lineare Gitterpunktprobleme 48 Seiten — 8° — 1951 — DM 4,65 *(vergriffen)*

Heft 2 Prof. Dr.-Ing. ENNO HEIDEBROEK, Über die Beziehungen zwischen Schmierung und Verschleiß bei geschmierter Gleitreibung
Nachdruck — 36 Seiten — 5 Abbildungen — 8° — 1954 — DM 2,75

Heft 3 Prof. Dr.-Ing. e. h. KARL KEGEL, Der Salzstock Mirowo bei Provadia in Bulgarien 26 Seiten — 9 Abbildungen — 8° — 1951 — DM 3,— *(vergriffen)*

Heft 4 Prof. Dr. HERBERT BECKERT / Prof. Dr. HANS SALIÉ, Bemerkungen über die Verbiegung hyperbolisch gekrümmter Flächenstücke. Über Abels Verallgemeinerung der binomischen Formel. 22 Seiten — 2 Abbildungen — 8° — 1951 — DM 2,25 *(vergriffen)*

Heft 5 Prof. Dr. ERICH STRACK, Die Dauerinfusion als Verfahren zur Erforschung des Kohlenhydratstoffwechsels des Tierkörpers 20 Seiten — 8° — 1952 — DM 2,— *(vergriffen)*

Band 99

Heft 1 Prof. Dr. HEINRICH BRANDT, Über das quadratische Reziprozitätsgesetz 18 Seiten — 8° — 1951 — DM 1,90 *(vergriffen)*

Heft 2 Prof. Dr. GEORG SPACKELER, Der Gebirgsdruck und seine Beherrschung durch den Bergmann 36 Seiten — 12 Abbildungen — 8° — 1951 — DM 1,65 *(vergriffen)*

Heft 3 Prof. Dr. ERNST DIEPSCHLAG, Die Anwendbarkeit der Regelungstechnik in der Hüttenindustrie 38 Seiten — 12 Abbildungen — 8° — 1952 — DM 3,90

Heft 4 Prof. Dr. ALBERT FROMME, Die Bedeutung der Entwicklungsgeschichte, besonders des Mesenchyms für die Klinik 24 Seiten — 8° — 1952 — DM 1,75 *(vergriffen)*

Heft 5 Dr. ROBERT BÖKER, Die Entstehung der Sternsphäre Arats
68 Seiten — 4 Abbildungen — 2 Falttafeln — 3 Tabellen — 8° — 1952 — DM 5,60

SITZUNGSBERICHTE DER SÄCHSISCHEN AKADEMIE
DER WISSENSCHAFTEN ZU LEIPZIG

Mathematisch-naturwissenschaftliche Klasse
Band 105 · Heft 7

HARALD HILBIG

EXISTENZSATZ FÜR BEGRENZTE POTENTIALSTRÖMUNGEN MIT TOTWASSER UM EIN VORGEGEBENES HINDERNIS

AKADEMIE-VERLAG · BERLIN
1964

Vorgelegt durch Herrn KELLER in der Sitzung vom 13. Mai 1963
Manuskript eingereicht am 19. Januar 1963
Druckfertig erklärt am 26. November 1963

Erschienen im Akademie-Verlag GmbH, Berlin W 8, Leipziger Straße 3—4

Lizenznummer 202 · 100/488/64
Gesamtherstellung: VEB Druckerei „Thomas Müntzer" Bad Langensalza
Bestellnummer: 2027/105/7 · ES 18 B 2 / 19 B 4 · Preis: DM 5,20

In der Potentialströmung einer idealen, inkompressiblen Flüssigkeit erfährt ein Körper keine Kraft in der Strömungsrichtung im Unendlichen. Um eine bessere Übereinstimmung mit der Erfahrung zu erreichen, haben zuerst HELMHOLTZ und KIRCHHOFF Parallelströmungen mit Unstetigkeitsflächen (freie Oberflächen) betrachtet. Diese Unstetigkeitsflächen lösen sich vom umströmten Körper ab und begrenzen hinter ihm eine ruhende Flüssigkeitsmasse (Totwasser). Durch diese Annahmen wird das D'ALEMBERTsche Paradoxon beseitigt.

Nach Arbeiten von LEVI-CIVITA, BRILLOUIN und VILLAT hat LERAY Existenz und Eindeutigkeit der ebenen, unbegrenzten Strömung für eine Klasse von Hindernissen bewiesen. Das Problem führt auf eine Integrodifferentialgleichung, und die Existenz läßt sich mit einem Fixpunkttheorem über Funktionalgleichungen in BANACH-Räumen zeigen. Um das Theorem anzuwenden, benötigt man zwei Eigenschaften der Gleichung: die Vollstetigkeit des Operators und die Angabe einer Schranke für die Gesamtheit aller möglichen Lösungen (Majorisation a priori).

Im folgenden soll diese Methode auf ebene Strömungen ausgedehnt werden, die von einer geradlinigen Wand begrenzt sind. Zunächst wird, H. VILLAT folgend, das Strömungsgebiet auf einen Halbring konform abgebildet. Der zweite Abschnitt enthält eine Integralformel von H. VILLAT, durch die die Lösung des DIRICHLETschen Problems für einen Kreisring dargestellt wird. Es folgen die Aufstellung der Fixpunktgleichung und der Beweis der Vollstetigkeit des Operators. Im vierten Abschnitt werden die Abschätzungen von LERAY verallgemeinert, die die Existenz der Schranken für die Lösungen sichern. Der letzte Abschnitt enthält den Existenzsatz.

Mit derselben Methode beweisen J. KRAVTSCHENKO und A. OUDART den Existenzsatz für unstetige Strömungen in einem Kanal mit geradlinigen bzw. krummlinigen Wänden. Fixpunktgleichungen und Abschätzungen sind jedoch von den hier angegebenen verschieden.

I. Die konforme Abbildung der Strömungsebene

§ 1. Das hydrodynamische Problem

Eine ideale, inkompressible Flüssigkeit der Dichte 1 werde durch eine geradlinige Wand begrenzt. In ihr befinde sich ein Körper K. Die Flüssigkeit ströme gleichförmig mit der Geschwindigkeit 1 parallel zur Wand. Sie umfließt den Körper und bilde hinter ihm ein Kielwasser, das sich bis ins Unendliche erstreckt. Das Kielwasser wird von dem Strömungsgebiet A durch eine Linie L abgegrenzt, die sich aus den beiden durch den Staupunkt getrennten Teilen w_1, w_2 der Kontur des Hindernisses und den freien Linien l_1, l_2 zusammengesetzt. Der Staupunkt sei der Ursprung eines rechtwinkligen Koordinatensystems, dessen x-Achse parallel zur Wand liege. Sind u und v die Komponenten der Geschwindigkeit, so gilt bis auf das Kielwasser

$$u_\infty = 1 , \qquad v_\infty = 0 . \tag{1.1}$$

Von der Kontur des Körpers K sei vorausgesetzt, daß jede Parallele zur x-Achse höchstens einen Punkt oder ein Segment mit ihr gemeinsam hat. Die Kontur besitze eine endliche Krümmung, die als Funktion der Bogenlänge einer Hölder-Bedingung mit dem Exponenten α $(0 < \alpha < 1)$ genügt.

Der Betrag V der Geschwindigkeit ist in allen Punkten von A, die verschieden von 0 sind, größer als Null. V und der Druck p hängen durch die Beziehung

$$p = -\frac{1}{2} V^2 + \text{const}$$

zusammen. Das Kielwasser wird als Totwasser vorausgesetzt, d. h. der Druck sei in ihm konstant gleich p_0. Auf der freien Linie ist wegen der Stetigkeit des Druckes

$$p_0 = -\frac{1}{2} V^2 + \text{const}.$$

Der Betrag der Geschwindigkeit auf den freien Linien ist also konstant und wegen (1.1) gleich 1.

Für Potentialströmungen existiert ein Geschwindigkeitspotential φ und eine Stromfunktion ψ mit den Beziehungen

$$u = \frac{\partial \varphi}{\partial x} = \frac{\partial \psi}{\partial y}, \qquad v = \frac{\partial \varphi}{\partial y} = -\frac{\partial \psi}{\partial x}.$$

Die Funktionen φ und ψ sind bis auf Konstanten bestimmt, die so gewählt werden sollen, daß im Staupunkt 0 beide Funktionen verschwinden. Da die Linie L eine Stromlinie ist, folgt daraus $\psi = 0$ längs L.

§ 2. *Die konforme Abbildung $f(z)$*

Mit Hilfe der beiden Funktionen φ und ψ wird das komplexe Potential

$$f = \varphi + i\,\psi \tag{1.2}$$

als Funktion von $z = x + i\,y$ eingeführt. $f(z)$ ist eine analytische Funktion im Gebiet A. Ferner sei

$$w = u - i\,v = \frac{df}{dz} \tag{1.3}$$

die komplexe Geschwindigkeit. Sie stellt den an der reellen Achse gespiegelten Geschwindigkeitsvektor dar. Die Funktion $f(z)$ besitzt auf L reelle Werte. Ist s die Bogenlänge einer der Kurven $w_1 + l_1$ bzw. $w_2 + l_2$ und werden sie von 0 ausgehend in Richtung der Strömung orientiert, so gilt

$$\frac{dx}{ds} = \frac{u}{V}, \qquad \frac{dy}{ds} = \frac{v}{V},$$

woraus

$$\frac{d\varphi}{ds} = \frac{\partial \varphi}{\partial x}\frac{dx}{ds} + \frac{\partial \varphi}{\partial y}\frac{dy}{ds} = V$$

folgt. Wegen $V > 0$ wächst φ auf L monoton von Null bis ins Unendliche. $f(z)$ hat also im Unendlichen einen Pol, während $w(z)$ nach (1.1) endlich ist. An der Wand ist die Geschwindigkeit tangential. Sie ist eine Stromlinie, und der Wert der Stromfunktion ist konstant gleich ψ_1.

Dem Gebiet A entspricht in der Ebene des komplexen Potentials f ein Gebiet D, das von der Geraden $\psi = \psi_1$ und der längs der positiven reellen Achse aufgeschnittenen Halbgeraden $\psi = 0$, $\varphi > 0$ begrenzt wird. f_1 und f_2 seien die Werte des Potentials in den Ablösungspunkten P_1 und P_2.

Da $f(z)$ eine analytische Funktion in A ist und $\left|\frac{df}{dz}\right| = V$ außer für $z = 0$ nirgends verschwindet, ferner die Abbildung der Ränder von A auf D eineindeutig ist, so stellt die Funktion $f(z)$ eine konforme Abbildung zwischen den Gebieten A und D her. Man kann daher umgekehrt z als eine Funktion von f ansehen, die in D analytisch ist bis auf den Punkt $f = \infty$, dem $z = \infty$ entspricht.

Das Totwasserproblem kann jetzt formuliert werden: Es ist eine konforme Abbildung des Gebietes D in der Ebene des komplexen Potentials f auf ein Gebiet A in der Strömungsebene z zu bestimmen, dessen Grenzen von einer vorgegebenen Kurve, zwei unbekannten freien Strahllinien und einer vorgegebenen, zur x-Achse parallelen Geraden gebildet werden. Die freien Linien sind Stromlinien und verbinden die äußersten Punkte der Kurve mit dem Unendlichen. Sie besitzen stetig veränderliche Tangenten, und es gilt auf ihnen $|dz| = |df|$. Die Abbildung soll den unendlich fernen Punkt und die Richtung in diesem Punkt festlassen, d. h. im Unendlichen soll die Flüssigkeit parallel zur x-Achse strömen.

Für die Lösung des Problems erweist es sich vorteilhaft, die komplexe Geschwindigkeit w als Funktion von f einzuführen. Das ist möglich, da einerseits $w(z)$ im Gebiet A einschließlich $z = \infty$ analytisch, andererseits $z = z(f)$ bis auf $f = \infty$ in D analytisch ist. Daher ist $w(f)$ in D analytisch und bleibt auch noch für $f = \infty$ endlich. Es ist $|w| = V = 1$, wenn f größer als f_1 und f_2 wird. $w(f)$ ist Null für $f = 0$ und reell für $\psi = \psi_1$. Um die Funktion $w(f)$ mit den geforderten Eigenschaften zu konstruieren, werde das Gebiet D auf einen Halbring konform abgebildet.

§ 3. Die konforme Abbildung von D auf einen Halbring

Diese Abbildung geschieht in 4 Schritten. Die Funktion

$$f = -A' \int \frac{F - a}{F - b} dF \tag{1.4}$$

bildet die obere F-Halbebene auf das Gebiet D ab. Es ist

$$f = -A' F - A' (b - a) \log (F - b) + C .$$

Die Konstanten a, b, A' sollen den Bedingungen

$$|a| < 1 , \qquad b > 1 , \qquad A' > 0$$

genügen. Ferner sei

$$C = A' (b - a) \pi i + C'$$

mit einer reellen Konstanten C'. Für $F - b = r e^{is}$ ist

$$f = -A' F - A' (b - a) (\log r + i s) + A' (b - a) \pi i + C',$$

so daß

$$f = -A' F - A' (b - a) \log r + C'$$

wird, wenn F reell und $F < b$ ist.

Ist insbesondere $F < a$, so ist

$$\frac{df}{dF} = -A' \frac{F - a}{F - b} < 0,$$

und f fällt monoton von ∞ bis zu einem Minimum, wenn F von $-\infty$ bis a wächst. Dieses Minimum sei 0:

$$0 = -A' a - A' (b - a) \log (b - a) + C'.$$

Für $F = -1 < a$ wird dabei der Wert f_2 erreicht:

$$f_2 = A' - A' (b - a) \log (b + 1) + C'.$$

Variiert F zwischen a und b, so ist

$$\frac{df}{dF} > 0;$$

f wächst monoton von 0 bis ∞. Der Wert f_1 werde für $F = 1$ angenommen:

$$f_1 = -A' - A' (b - a) \log (b - 1) + C'.$$

Der Punkt $F = b$ wird durch einen kleinen Kreis ausgeschlossen. f ist komplex für $F > b$, sein Imaginärteil ist konstant und gleich $A' (b - a) \pi$:

$$\psi_1 = A' (b - a) \pi. \tag{1.5}$$

Der Realteil von f fällt monoton von $+\infty$ bis $-\infty$.

Damit ist gezeigt, daß die Funktion (1.4) die reelle Achse der F-Ebene umkehrbar eindeutig auf den Rand des Gebietes D abbildet. Da sie bis auf $F = b$ in der oberen Halbebene regulär ist und ihre Ableitung außer für $F = a$ nirgends verschwindet, ist die Abbildung der oberen Halbebene auf D konform.

Im nächsten Schritt wird

$$\frac{1}{i} \log Z = B \int \frac{dF}{\sqrt{4 (F^2 - 1) (F - b)}} \tag{1.6}$$

mit einer reellen Konstanten B gesetzt.

Durch die Translation

$$F = t + \frac{b}{3} \tag{1.7}$$

geht das Nennerpolynom in die WEIERSTRASSsche Normalform über:

$$4\,(F^2 - 1)\,(F^2 - b) = 4\,t^3 - 4\left(1 + \frac{b^2}{3}\,t\right) - \frac{8\,b}{3}\left(\frac{b^2}{9} - 1\right),$$

so daß

$$\frac{1}{i}\log Z = B \int \frac{dt}{\sqrt{4\,t^3 - 4\left(1 + \frac{b^2}{3}\right)t - \frac{8\,b}{3}\left(\frac{b^2}{9} - 1\right)}} \tag{1.8}$$

folgt. Die Nullstellen des Nennerpolynoms sind

$$e_3 = -1 - \frac{b}{3}, \quad e_2 = 1 - \frac{b}{3}, \quad e_1 = \frac{2\,b}{3}. \tag{1.9}$$

Die Umkehrfunktion des Integrals (1.8)

$$t = \wp(U) = \wp\left(\frac{1}{i\,B}\log Z + k\right) \tag{1.10}$$

bildet das Rechteck 0, ω, $\omega - \omega'$, $-\omega'$ der U-Ebene konform auf die obere t-Halbebene ab, denn die Perioden $2\,\omega$, $2\,\omega'$ der WEIERSTRASSschen $\wp$-Funktion sind reell bzw. imaginär. Die beiden Konstanten B und k sollen durch $B = \frac{\pi}{\omega}$, $k = -\omega'$ festgelegt sein.

Der Definitionsbereich von $Z = r e^{i s}$ der Funktion

$$U = \frac{\omega}{i\,\pi}\log Z - \omega' = \frac{\omega}{\pi}\,(s - i\log r) - \omega' \tag{1.11}$$

ist der gesuchte Halbring. Variiert U zunächst zwischen 0 und ω, so wächst s von 0 bis π, während

$$r = q = e^{i\pi\frac{\omega'}{\omega}}$$

konstant bleibt. Für U zwischen ω und $\omega - \omega'$ liegt r zwischen q und 1, s bleibt konstant gleich π. Es ist $r = 1$, und s fällt von π bis 0, wenn U zwischen $\omega - \omega'$ und $-\omega'$ variiert. Schließlich ist $s = 0$, und r liegt zwischen 1 und q für U zwischen $-\omega'$ und 0.

Damit ist die Abbildung zwischen D und einem Halbring hergestellt. Die Segmente $-1 \leq Z < -q$ und $q < Z \leq 1$ entsprechen der oberen bzw. unteren freien Linie, der innere Halbkreis der Wand und der äußere Halbkreis dem Hindernis. Der Staupunkt $z = 0$ geht in den Punkt $Z = e^{is_0}$ mit $0 \leqq s_0 \leqq \pi$ über. Nach (1.4), (1.7), (1.10) wird diese Abbildung durch die Funktion

$$f = -A\frac{\omega^3}{i\pi}\int\limits_{e^{is_0}}^{Z}\frac{\wp\left(\frac{\omega}{i\pi}\log Z-\omega'\right)-\wp\left(\frac{\omega}{\pi}s_0-\omega'\right)}{\wp\left(\frac{\omega}{i\pi}\log Z-\omega'\right)-e_1}\,\wp'\left(\frac{\omega}{i\pi}\log Z-\omega'\right)\frac{dZ}{Z} \tag{1.12}$$

geleistet. Dabei ist die vorerst noch freie Konstante A' durch $\omega^2 A$ ersetzt worden. Da $\wp(U)$ und $\wp'(U)$ homogene Funktionen vom Grad -2 bzw. -3 sind, folgt, daß f nur vom Periodenverhältnis $\tau = \frac{\omega'}{\omega}$ oder von $q = e^{i\pi\tau}$ abhängt.

§ 4. *Die Funktion $\omega(Z)$*

Durch die Abbildung 1.12 wird die komplexe Geschwindigkeit w eine analytische Funktion von Z im Halbring. Nun werde durch

$$w = e^{i\omega} \tag{1.13}$$

eine neue Funktion

$$\omega(Z) = \vartheta(Z) + i\,\tau(Z) \tag{1.14}$$

eingeführt. Es ist dann

$$V = e^{\tau}\,, \qquad u = e^{\tau}\cos\vartheta\,, \qquad v = e^{\tau}\sin\vartheta\,,$$

woraus sich $\vartheta(Z)$ als Winkel der Geschwindigkeit ergibt, den sie in dem Z entsprechenden Punkt z mit der reellen Achse bildet.

$\omega(Z)$ ist analytisch im Halbring $q < |Z| < 1$, $Y > 0$; sie ist noch stetig auf den Grenzen mit Ausnahme von e^{is_0}. Wegen $V = 1$ auf den freien Linien ist $\omega(Z)$ auf der reellen Achse reell und wegen $\vartheta = 0$ auf der Wand ist $\omega(Z)$ für $|Z| = q$ imaginär. Aus den letzten beiden Bedingungen folgt $\omega(q) = \omega(-q) = 0$. Da $\omega(Z)$ stetig und reell auf der reellen Achse ist, kann man sie durch Spiegelung in die untere Halbebene fortsetzen, so daß man eine im ganzen Ringgebiet $q < |Z| < 1$ eindeutige analytische Funktion erhält.

Die Bedingung $\omega\,(\pm q) = 0$ zieht $\vartheta\,(\pm q) = 0$ nach sich, woraus folgt, daß die freien Linien eine zur x-Achse parallele Asymptote besitzen. Sei Q die Flüssigkeitsmenge, die pro Sekunde durch einen Querschnitt zwischen der Wand und der oberen freien Linie fließt. Dann ist $Q = \psi_1$, weil die freie Linie eine Stromlinie mit $\psi = 0$ war. Andererseits hat man im Unendlichen eine Parallelströmung mit der Geschwindigkeit 1. Ist h_1 der Abstand der Asymptote von der Wand, so gilt $Q = h_1$, also wegen (1.5)

$$h_1 = \omega^2 A \pi \left\{ e_1 - p\left(\frac{\omega}{\pi} s_0 - \omega' \right) \right\}. \tag{1.15}$$

II. Die Lösung des DIRICHLETschen Problems für einen Kreisring

§ 5. *Die allgemeine Lösung*

Es seien $u(t)$ und $v(t)$ stückweise stetige Funktionen mit der Periode 2π. Der Realteil der Funktion

$$R(Z) = P(X, Y) + i\,Q(X, Y)$$

$$= \frac{i\,\omega}{\pi^2}\int_0^{2\pi} u(t)\left\{\frac{\sigma'\left(\frac{\omega}{i\pi}\log Z - \frac{\omega}{\pi}t\right)}{\sigma\left(\frac{\omega}{i\pi}\log Z - \frac{\omega}{\pi}t\right)} + \left(\frac{1}{2\omega'} - \frac{\eta}{i\pi}\right)\log Z\right\}dt$$

$$-\frac{i\,\omega}{\pi^2}\int_0^{2\pi} v(t)\left\{\frac{\sigma_3'\left(\frac{\omega}{i\pi}\log Z - \frac{\omega}{\pi}t\right)}{\sigma_3\left(\frac{\omega}{i\pi}\log Z - \frac{\omega}{\pi}t\right)} + \left(\frac{1}{2\omega'} - \frac{\eta}{i\pi}\right)\log Z\right\}dt \qquad (2.1)$$

liefert eine harmonische Funktion im Kreisring $q < |Z| < 1$, die auf dem äußeren bzw. inneren Kreis in jedem Stetigkeitspunkt von $u(t)$ bzw. $v(t)$ diese Randwerte stetig annimmt. Dabei sind $2\,\omega$ und $2\,\omega'$ die Perioden der elliptischen Funktionen, $2\,\omega$ ist reell, $2\,\omega'$ imaginär. Ihr Verhältnis, auf das es in (2.1) allein ankommt, wird durch die Relation

$$q = e^{i\pi\frac{\omega'}{\omega}}$$

bestimmt. Die im Inneren des Ringgebietes reguläre Funktion $R(Z)$ ist eindeutig, wenn die Randwerte die Bedingung

$$\int_0^{2\pi} u(t)\,dt = \int_0^{2\pi} v(t)\,dt \qquad (2.2)$$

erfüllen. Bis auf eine Konstante ist die konjugierte Funktion $Q(X, Y)$ eindeutig bestimmt. Auf dem äußeren Kreis $|Z| = 1$ hat sie die Darstellung

$$Q(e^{is}) = -\frac{1}{\pi}\int_0^{2\pi}\{u(t) - u(s)\}\frac{d}{dt}\log\left|\sigma\left[\frac{\omega}{\pi}(s-t)\right]\right| dt$$

$$-\frac{2\omega\eta}{\pi}\left(1-\frac{s}{\pi}\right)u(s) - \frac{\omega}{\pi^2}\int_0^{2\pi} v(t)\cdot\frac{\sigma_3'\left[\frac{\omega}{\pi}(s-t)\right]}{\sigma_3\left[\frac{\omega}{\pi}(s-t)\right]} dt$$

$$+\left(\frac{i\omega}{2\pi^2\omega'} - \frac{\omega\eta}{\pi^3}\right)s\int_0^{2\pi}\{u(t) - v(t)\}\,dt\,. \qquad (2.3)$$

Genügen die Randwerte $u(t)$ einer Hölder-Bedingung mit dem Exponenten μ $(0 < \mu < 1)$, so gilt dasselbe für die Funktion (2.3), und $R(Z)$ ist bis an den Rand $|Z| = 1$ stetig.

§ 6. Die Lösung unter speziellen Randbedingungen

Die Randwerte $u(t)$ und $v(t)$ mögen folgenden zusätzlichen Bedingungen genügen:

$$\begin{aligned} u(2\pi - t) &= u(t)\,, \\ v(t) &= k = \text{const}\,, \\ \int_0^{\pi} u(t)\,dt &= \int_0^{\pi} v(t)\,dt = \pi k\,. \end{aligned} \qquad (2.4)$$

Unter diesen Voraussetzungen wird

$$\int_0^{2\pi} u(t)\frac{\sigma'\left|\frac{\omega}{i\pi}\log Z - \frac{\omega}{\pi}t\right|}{\sigma\left|\frac{\omega}{i\pi}\log Z - \frac{\omega}{\pi}t\right|}dt$$

$$= \int_0^{\pi} u(t)\frac{\wp'\left(\frac{\omega}{i\pi}\log Z\right)}{\wp\left(\frac{\omega}{i\pi}\log Z\right) - \wp\left(\frac{\omega}{\pi}t\right)}dt + 2\pi k\left|\zeta\left(\frac{\omega}{i\pi}\log Z\right) - \eta\right|$$

und

$$\int_0^{2\pi} \frac{\sigma_3'\left[\frac{\omega}{i\pi}\log Z - \frac{\omega}{\pi}t\right]}{\sigma_3\left[\frac{\omega}{i\pi}\log Z - \frac{\omega}{\pi}t\right]}\,dt = \frac{\pi}{\omega}\log\frac{\sigma\left[\frac{\omega}{i\pi}\log Z - \omega'\right]}{\sigma\left[\frac{\omega}{i\pi}\log Z - \omega' - 2\omega\right]} + 2\eta'\pi\,.$$

Wegen

$$\sigma\left[\frac{\omega}{i\pi}\log Z - \omega' - 2\omega\right] = -e^{-2\eta\left(\frac{\omega}{i\pi}\log Z - \omega' - \omega\right)}\sigma\left[\frac{\omega}{i\pi}\log Z - \omega'\right]$$

und der LEGENDREschen Relation folgt

$$\frac{i\omega}{\pi^2}\int_0^{2\pi} v(t)\frac{\sigma_3'\left[\frac{\omega}{i\pi}\log Z - \frac{\omega}{\pi}t\right]}{\sigma_3\left[\frac{\omega}{i\pi}\log Z - \frac{\omega}{\pi}t\right]}\,dt = \frac{2\omega\eta}{\pi^2}k\log Z - \frac{2\omega\eta}{\pi}k\,i\,.$$

Unter den Bedingungen (2.4) ist daher die Lösung des Randwertproblems

$$R(Z) = \frac{i\omega}{\pi^2}\int_0^{\pi} u(t)\frac{\wp'\left(\frac{\omega}{i\pi}\log Z\right)}{\wp\left(\frac{\omega}{i\pi}\log Z\right) - \wp\left(\frac{\omega}{\pi}t\right)}\,dt$$

$$+\frac{2i\omega k}{\pi}\zeta\left(\frac{\omega}{i\pi}\log Z\right) - \frac{2\omega\eta k}{\pi^2}\log Z\,. \tag{2.5}$$

Die Darstellungen

$$\frac{i\omega}{\pi^2}\frac{\wp^2\left(\frac{\omega}{i\pi}\log Z\right)}{\wp\left(\frac{\omega}{i\pi}\log Z\right) - \wp\left(\frac{\omega}{\pi}t\right)} = \frac{i}{\pi}\frac{\vartheta_2(u)\,\vartheta_3(u)\,\vartheta_0(u)}{\vartheta_1(u)}\frac{\vartheta_1^2(w)}{\vartheta_1(u+w)\,\vartheta_1(u-w)}$$

$$\frac{2i\omega}{\pi}\zeta\left(\frac{\omega}{i\pi}\log Z\right) - \frac{2\omega\eta}{\pi^2}\log Z = \frac{i}{\pi}\frac{\vartheta_1'(u)}{\vartheta_1(u)} \tag{2.6}$$

zeigen, daß die Funktion $R(Z)$ auf $|Z| = q$, d. h. $u = \frac{\tau}{2} + \frac{s}{2\pi}$, $w = \frac{t}{2\pi}$ für jedes q in $0 \leqq q \leqq 1 - \eta$, $\eta > 0$ und beschränkte Randwerte durch dieselbe Konstante abgeschätzt werden kann.

Für die Randwerte der Funktion $Q(X, Y)$ auf dem Kreis $|Z| = 1$ erhält man zunächst

$$Q(e^{is}) = -\frac{1}{\pi}\int_0^{2\pi}\{u(t) - u(s)\}\frac{d}{dt}\log\left|\sigma\left[\frac{\omega}{\pi}(s-t)\right]\right|dt$$
$$-\frac{2\eta\omega}{\pi}\left(1-\frac{s}{\pi}\right)u(s) - \frac{2\omega\eta}{\pi^2}ks + \frac{2\omega\eta}{\pi}k$$

und daraus

$$Q(e^{is}) = -\frac{1}{\pi}\int_0^{\pi}\{u(t) - u(s)\}\frac{d}{dt}\log\left|\frac{\sigma\left[\frac{\omega}{\pi}(s-t)\right]}{\sigma\left[\frac{\omega}{\pi}(s+t)\right]}\right|dt$$
$$+\frac{2\omega\eta}{\pi^2}s\,(u(s) - k)\,. \tag{2.7}$$

$R(Z)$ nimmt in konjugiert komplexen Punkten zueinander konjugierte Werte an: $Z = re^{is}$ und $\overline{Z} = r\,e^{-is}$ seien zwei konjugiert komplexe Punkte. Da das Periodenparallelogramm der hier auftretenden elliptischen Funktionen ein Rechteck ist, so gilt

$$\wp\left(\frac{\omega}{i\pi}\log\overline{Z}\right) = \wp\left(-\frac{\omega}{i\pi}\log r + \frac{\omega}{\pi}s\right) = \overline{\wp\left(\frac{\omega}{i\pi}\log Z\right)}\,,$$
$$\wp'\left(\frac{\omega}{i\pi}\log\overline{Z}\right) = -\wp'\left(-\frac{\omega}{i\pi}\log r + \frac{\omega}{\pi}s\right) = -\overline{\wp'\left(\frac{\omega}{i\pi}\log Z\right)}\,,$$
$$\zeta\left(\frac{\omega}{i\pi}\log\overline{Z}\right) = -\zeta\left(-\frac{\omega}{i\pi}\log r + \frac{\omega}{\pi}s\right) = -\overline{\zeta\left(\frac{\omega}{i\pi}\log Z\right)}\,.$$

Also wird

$$R(\overline{Z}) = \overline{R(Z)}\,.$$

Daraus folgt dann, daß $R(Z)$ auf der reellen Achse reelle Werte annimmt.

III. Aufstellung der Funktionalgleichung des Totwasserproblems

§ 7. Die unbestimmte Lösung nach M. Levi-Civita

In Kapitel I wurde die Strömungsebene A einer Flüssigkeitsströmung mit Totwasser um ein Hindernis durch die Abbildung

$$dz = e^{i\omega}\, df \qquad (3.1)$$

auf einen Halbring konform abgebildet.

Jetzt soll umgekehrt von einem Halbring ausgegangen werden. Es seien die Konstanten q $(0 < q < 1)$, s_0 $(0 \leqq s_0 \leqq \pi)$ und $A > 0$ gegeben, ferner eine für $q < |Z| < 1$ reguläre Funktion $\omega(Z)$, die auf der reellen Achse reelle und für $|Z| = q$ imaginäre Werte besitzt. Die Gleichung (3.1) definiert dann eine konforme Abbildung des Gebietes $q \leqq |Z| \leqq 1$, $Y \geqq 0$ auf ein Gebiet der z-Ebene, das folgende Eigenschaften eines Strömungsgebietes mit Totwasser besitzt:

a) Die freien Linien (Bilder der Segmente $-1 \leqq Z < -q$, $q < Z \leqq 1$) sind Kurven mit stetiger Tangente. Auf ihnen ist $\omega(Z)$ reell, also gilt $|dz| = |df|$ und $V = \left|\frac{df}{dz}\right| = 1$.

b) Auf dem Halbkreis $|Z| = q$, $Y \geqq 0$ ist df reell und $\omega(Z)$ imaginär. Er wird folglich auf eine Gerade parallel zur x-Achse abgebildet.

c) Die beiden Punkte $f = \infty$ und $z = \infty$ sind einander zugeordnet.

Da $\vartheta(Z)$ der Winkel der Geschwindigkeit mit der x-Achse ist, folgt aus $\vartheta(\pm q) = 0$, daß die Flüssigkeit im Unendlichen parallel zur x-Achse strömt:

$$u_\infty = 1\,, \qquad v_\infty = 0\,.$$

Aus diesen Eigenschaften kann man jedoch noch nicht schließen, daß die Gleichung (3.1) bei beliebigem $\omega(Z)$ ein Totwassergebiet definiert. M. Brillouin hat gezeigt, daß sich das Gebiet A der z-Ebene überdecken kann, indem sich die freien Linien hinter dem Körper schneiden. Ferner muß die Funktion $\omega(Z)$ so bestimmt werden, daß der Halbkreis $|Z| = 1$, $Y \geqq 0$ auf ein vorgegebenes Hindernis abgebildet wird. Schließlich muß erreicht werden, daß der innere Halbkreis einer vorgegebenen Wand entspricht.

§ 8. Die unbestimmte Lösung nach M. Villat

Die Funktion $f(z)$ leistet eine konforme Abbildung zweier Gebiete aufeinander, deren Grenzen aus Kurven mit stetiger Tangente und einer endlichen Anzahl von Ecken bestehen. Ecken können in den Bildern von $Z = \pm 1$ auftreten, wo das Hindernis mit den freien Linien zusammenstößt. Das Argument von $\frac{df}{dz}$ kann hier unstetig sein. Es ist weiter unstetig im Staupunkt $z = 0$, da sich hier die Strömung teilt. In allen anderen Randpunkten ist $\arg \frac{df}{dz} = -\vartheta(Z)$ stetig. Die Funktion $\vartheta(Z)$ ist daher im Kreisring harmonisch, für $q \leqq |Z| \leqq 1$ beschränkt und auf den Grenzen bis auf die Punkte ± 1, $e^{\pm i s_0}$ stetig. Wegen der Eindeutigkeit von $\omega(Z)$ und $\vartheta(q\, e^{is}) = 0$ ist die Bedingung (2.2) erfüllt und

$$\int_0^{2\pi} \vartheta(e^{it})\, dt = 0\,. \tag{3.2}$$

Der Winkel der Geschwindigkeit mit der x-Achse sei in dem $Z = e^{is}$ entsprechenden Punkt des Hindernisses $\Phi(s)$:

$$\vartheta(e^{is}) = \vartheta(e^{-is}) = \Phi(s)\,, \quad 0 \leqq s \leqq \pi\,.$$

Die Funktion $\Phi(s)$ genügt wegen (3.2) der Bedingung

$$\int_0^{\pi} \Phi(s)\, ds = 0\,. \tag{3.3}$$

Da die Bedingungen (2.4) erfüllt sind, folgt nach (2.5)

$$\omega(Z) = \frac{i\,\omega}{\pi^2} \int_0^{\pi} \Phi(s) \frac{\wp'\left(\frac{\omega}{i\,\pi} \log Z\right)}{\wp\left(\frac{\omega}{i\,\pi} \log Z\right) - \wp\left(\frac{\omega}{\pi}\, s\right)}\, ds\,. \tag{3.4}$$

Die Konstante, bis auf die der Imaginärteil von $\omega(Z)$ bestimmt ist, verschwindet wegen $\tau(q) = 0$.

Sei $\Psi[l]$ der Winkel, den das Hindernis im Punkt der Bogenlänge l mit der x-Achse bildet: $c \leqq l \leqq d$, wobei das Hindernis in Richtung wachsender y orientiert werde. Da jede Parallele zur x-Achse mit dem Hindernis höchstens einen Punkt bzw. ein Segment gemeinsam hat, gilt

$$0 \leqq \Psi[l] \leqq \pi . \tag{3.5}$$

Die Krümmung des Hindernisses sollte HÖLDER-stetig sein, also existiert $\Psi'[l]$ und genügt einer HÖLDER-Bedingung mit dem Exponenten α $(0 < \alpha < 1)$.

Es sei $l(s)$ diejenige Funktion, die den Punkt $Z = e^{is}$ des oberen Halbkreises auf den Punkt des Hindernisses mit der Bogenlänge l abbildet. Die Abbildung $l(s)$ ist eine stetige Funktion im Intervall $0 \leqq s \leqq \pi$.

Die beiden Funktionen $\Phi(s)$ und $\Psi[l(s)]$ hängen durch die Beziehungen

$$\begin{aligned} 0 \leqq s < s_0 &: \Phi(s) = \Psi[l(s)] - \pi \qquad (-\pi \leqq \Phi(s) \leqq 0), \\ s_0 < s \leqq \pi &: \Phi(s) = \Psi[l(s)] \qquad (0 \leqq \Phi(s) \leqq \pi) \end{aligned} \tag{3.6}$$

zusammen.

§ 9. *Die Richtungen der freien Linien*

Es seien vorgegeben: zwei reelle Konstanten $A > 0$ und q $(0 < q < 1)$, eine Funktion $\Psi[l]$, die der Bedingung (3.5) genügt, und eine stetige und wachsende Funktion $l(s)$ $(0 \leqq s \leqq \pi,\ c \leqq l \leqq d)$. Die Gleichungen (3.6) und (3.3) definieren eine Funktion $\Phi(s)$ und eine Konstante s_0. Durch die Relationen (3.1) und (3.4) wird eine konforme Abbildung des Halbringes auf ein Gebiet A der z-Ebene definiert. Die freien Linien sind die Bilder der Segmente $-1 \leqq X < -q$, $q < X \leqq 1$, $Y = 0$. Bis auf ihre Endpunkte sind sie analytische Kurven, denn die Abbildungsfunktion ist im Innern des Ringgebietes analytisch. Orientiert man sie im Sinne wachsender X, so sind ihre Winkel mit der x-Achse $\vartheta(X)$ für $X < 0$ und $\vartheta(X) + \pi$ für $X > 0$.

$\omega(Z)$ ist auf der reellen Achse reell, nach (3.4) gilt

$$\vartheta(X) = \frac{i\,\omega}{\pi^2} \int\limits_0^{\pi} \Phi(s) \frac{\wp'\left(\frac{\omega}{i\pi} \log X\right)}{\wp\left(\frac{\omega}{i\pi} \log X\right) - \wp\left(\frac{\omega}{\pi} s\right)}\, ds .$$

Wegen (3.6) ist $-\pi \leqq \Phi(s) \leqq \pi$; für die harmonische Funktion $\vartheta(Z)$ gilt daher $-\pi < \vartheta(Z) < \pi$, wenn $\Phi(s)$ nicht konstant $\pm\pi$ ist. Benutzt man (3.3), so folgt

$$\vartheta(X) = \frac{i\,\omega}{\pi^2} \int_0^\pi \Phi(s) \times$$

$$\times \left\{ \frac{\wp'\left(\frac{\omega}{i\pi}\log X\right)}{\wp\left(\frac{\omega}{i\pi}\log X\right) - \wp\left(\frac{\omega}{\pi}s\right)} - \frac{\wp'\left(\frac{\omega}{i\pi}\log X\right)}{\wp\left(\frac{\omega}{i\pi}\log X\right) - \wp\left(\frac{\omega}{\pi}s_0\right)} \right\} ds$$

$$= \frac{i\,\omega}{\pi^2} \int_0^\pi \Phi(s) \frac{\left[\wp\left(\frac{\omega}{\pi}s\right) - \wp\left(\frac{\omega}{\pi}s_0\right)\right] \wp'\left(\frac{\omega}{i\pi}\log X\right)}{\left[\wp\left(\frac{\omega}{i\pi}\log X\right) - \wp\left(\frac{\omega}{\pi}s\right)\right]\left[\wp\left(\frac{\omega}{i\pi}\log X\right) - \wp\left(\frac{\omega}{\pi}s_0\right)\right]} ds\,.$$

Es soll jetzt das Vorzeichen des Integranden bestimmt werden. Wegen $t = \wp\left(\frac{\omega}{i\pi}\log Z - \omega'\right)$ ergeben sich folgende Vorzeichen:
Auf l_2 $(X > 0)$ ist

$$\wp\left(\frac{\omega}{i\pi}\log X - \omega'\right) - \wp\left(\frac{\omega}{\pi}s - \omega'\right) \leqq 0\,,$$

$$\wp\left(\frac{\omega}{i\pi}\log X - \omega'\right) - e_3 \leqq 0\,,$$

auf l_1 $(X < 0)$ ist

$$\wp\left(\frac{\omega}{i\pi}\log X - \omega'\right) - \wp\left(\frac{\omega}{\pi}s - \omega'\right) > 0\,,$$

$$\wp\left(\frac{\omega}{i\pi}\log X - \omega'\right) - e_1 > 0\,,$$

und in $0 \leqq s \leqq \pi$ ist

$$\wp\left(\frac{\omega}{\pi}s - \omega'\right) - e_3 \geqq 0\,.$$

Mit Hilfe der Gleichung

$$\wp\left(\frac{\omega}{i\pi}\log X\right)-\wp\left(\frac{\omega}{\pi}s\right)=$$

$$=-(e_1-e_3)(e_2-e_3)\frac{\wp\left(\frac{\omega}{i\pi}\log X-\omega'\right)-\wp\left(\frac{\omega}{\pi}s-\omega'\right)}{\left[\wp\left(\frac{\omega}{i\pi}\log X-\omega'\right)-e_3\right]\left[\wp\left(\frac{\omega}{\pi}s-\omega'\right)-e_3\right]}$$

folgt daraus

$$\wp\left(\frac{\omega}{i\pi}\log X\right)-\wp\left(\frac{\omega}{\pi}s\right)\leqq 0\,,$$

$$\wp\left(\frac{\omega}{\pi}s\right)-\wp\left(\frac{\omega}{\pi}s_0\right)>0\,,\qquad 0\leqq s<s_0\,,$$

$$\wp\left(\frac{\omega}{\pi}s\right)-\wp\left(\frac{\omega}{\pi}s_0\right)<0\,,\qquad s_0<s\leqq\pi\,.$$

Ferner ist $f(y)=\wp(i\,y)$ für $y>0$ eine monoton wachsende, reellwertige Funktion. $\wp'(i\,y)=-i\,f'(y)$ ist folglich negativ imaginär. Für $X=r\,e^{i\pi}$ ist

$$\wp'\left(\frac{\omega}{i\pi}\log X\right)=-\frac{(e_1-e_2)(e_1-e_3)}{\left[\wp\left(\frac{\omega}{i\pi}\log r\right)-e_1\right]^2}\,\wp'\left(\frac{\omega}{i\pi}\log r\right),$$

und $\frac{\omega}{i\pi}\log r$ ist in $0<r<1$ positiv imaginär:

$\wp'\left(\frac{\omega}{i\pi}\log X\right)$ ist positiv imaginär für $X<0$ und negativ imaginär für $X>0$. Beachtet man noch (3.6), so kann man über das Vorzeichen von $\vartheta(X)$ aussagen:

$$\vartheta(X)>0\quad \text{für } X<0\quad (\text{auf } l_1)\,,$$
$$\vartheta(X)<0\quad \text{für } X>0\quad (\text{auf } l_2)\,.$$

Dies bedeutet, daß der Winkel der freien Linien mit der x-Achse ständig positiv und kleiner als π ist.

In den Punkten $X=\pm 1$ stimmen die Richtungen der freien Linien mit denen des Hindernisses überein; die Kurve L besitzt also in jedem Punkt eine stetige Tangente: Aus der Stetigkeit von $l(s)$ in 0 und π folgt nach (3.6) die Stetigkeit von $\Phi(s)$ in 0 und π. (Die zur Strömung parallelen Hindernisse seien im folgenden ausgeschlossen. Bei ihnen liegt die Unstetigkeit von $\Phi(s)$ bei 0 oder π. In diesem Fall ist aber die Abbildung trivial: $z = f$.) Aus der Stetigkeit von $\Phi(s)$ in 0 und π folgt die Stetigkeit der Funktion $\vartheta(Z)$ in $Z = \pm 1$. Nun sind $\vartheta(Z) + \pi$ für $Z = 1$ bzw. $\vartheta(Z) = -1$ die Winkel der freien Linien und $\vartheta(e^{is})$ $+ \pi$ für $s = 0$ bzw. $\vartheta(e^{is})$ für $s = \pi$ die Winkel des Hindernisses mit der x-Achse in den Ablösungspunkten. Die entsprechenden Winkel stimmen also überein.

Die Gebiete in der z- und t-Ebene besitzen Ränder mit stetigen Tangenten. Für die Abbildungsfunktion $z(t)$ existiert daher ein Exponent $\beta < 1$ mit

$$|z(t) - z(t')| < C' \, |t - t'|^\beta ,$$

woraus speziell für die Funktion $l(s)$ folgt:

$$|l(s) - l(s')| < C \, |s - s'|^\beta . \tag{3.7}$$

§ 10. *Das Totwasserproblem zu vorgegebenem $\Psi[l]$ und $l(s)$*

Es seien vorgegeben: eine Funktion $\Psi[l]$, die der Bedingung (3.5) genügt ($c \leqq l \leqq d$), eine von c bis d wachsende Funktion $l(s)$, die der Bedingung (3.7) genügt, schließlich zwei Konstanten A und q.

Im Gegensatz zur Funktion $\Phi(s)$, die bei s_0 unstetig ist, erfüllt $\Psi[l(s)]$ auf dem Kreisbogen $|Z| = 1$, $Y = 0$ eine Hölder-Bedingung mit dem Exponenten β:

$$|\Psi[l(s)] - \Psi[l(s')]| \leqq C \, |s - s'|^\beta .$$

Nun sei $\Omega(Z) = \Theta + i\,T$ eine analytische Funktion für $q < |Z| < 1$, deren Realteil $\Theta(Z)$ auf dem Kreis $|Z| = 1$ die Werte $\Theta(e^{is}) = \Psi[l(s)]$ und auf dem Kreis $|Z| = q$ die Werte $k = s_0$ annimmt, deren Imaginärteil für $Z = \pm q$ verschwindet. Wegen (3.3) und (3.6) ist

$$\pi s_0 = \int_0^\pi \Psi[l(s)] \, ds , \tag{3.8}$$

und aus Gleichung (2.5) folgt

$$\Omega(Z) = \frac{i\omega}{\pi^2} \int_0^\pi \Psi[l(s)] \frac{\wp'\left(\frac{\omega}{i\pi} \log Z\right)}{\wp\left(\frac{\omega}{i\pi} \log Z\right) - \wp\left(\frac{\omega}{\pi} s\right)} \, ds$$

$$+ \frac{2 i \omega}{\pi} s_0 \zeta\left(\frac{\omega}{i\pi} \log Z\right) - \frac{2\omega\eta}{\pi^2} s_0 \log Z . \tag{3.9}$$

Da $\Psi[l(s)]$ HÖLDER-stetig ist, wird $\Omega(Z)$ eine stetige Funktion im abgeschlossenen Gebiet $q \leqq |Z| \leqq 1$.

Die Funktionen $\omega(Z)$ und $\Omega(Z)$ hängen durch die Beziehung

$$\omega(Z) = \Omega(Z) - i \log \frac{\sigma\left(\frac{\omega}{i\pi}\log Z + \frac{\omega}{\pi} s_0\right)}{\sigma\left(\frac{\omega}{i\pi}\log Z - \frac{\omega}{\pi} s_0\right)} + \frac{2\,\omega\,\eta}{\pi^2} s_0 \log Z \tag{3.10}$$

zusammen. Aus (3.1) wird dann

$$dz = -\frac{1}{i\pi} A\, e^{i\Omega(Z)}\, P(Z, s_0, q) \frac{\sigma\left(\frac{\omega}{i\pi}\log Z + \frac{\omega}{\pi} s_0\right)}{\sigma\left(\frac{\omega}{i\pi}\log Z - \frac{\omega}{\pi} s_0\right)} e^{\frac{2\,\omega\,\eta\, i}{\pi^2} s_0 \log Z} \frac{dZ}{Z} \tag{3.11}$$

mit

$$P(Z, s_0, q) = \frac{\omega^3 \left\{\wp\left(\frac{\omega}{i\pi}\log Z - \omega'\right) - \wp\left(\frac{\omega}{\pi} s_0 - \omega'\right)\right\}}{\wp\left(\frac{\omega}{i\pi}\log Z - \omega'\right) - e_1}\, \wp'\left(\frac{\omega}{i\pi}\log Z - \omega'\right).$$

Der Kreis $Z = e^{is}$ wird auf die Kurve

$$z(s) = -\frac{1}{\pi} A \int_{s_0}^{s} e^{i\Omega(e^{it})}\, P(e^{it}, s_0, q) \frac{\sigma\left[\frac{\omega}{\pi}(t + s_0)\right]}{\sigma\left[\frac{\omega}{\pi}(t - s_0)\right]} e^{-\frac{2\,\omega\,\eta}{\pi^2} t s_0}\, dt \tag{3.12}$$

abgebildet. Aus der Darstellung als Quotient von σ-Funktionen

$$\frac{\wp\left(\frac{\omega}{\pi} t - \omega'\right) - \wp\left(\frac{\omega}{\pi} s_0 - \omega'\right)}{\sigma\left[\frac{\omega}{\pi}(t - s_0)\right]} = -\frac{\sigma\left[\frac{\omega}{\pi}(t + s_0) - 2\,\omega'\right]}{\sigma^2\left(\frac{\omega}{\pi} t - \omega'\right) \sigma^2\left(\frac{\omega}{\pi} s_0 - \omega'\right)}$$

ersieht man, daß der Integrand im Intervall $0 \leqq t \leqq \pi$ stetig ist.

Wählt man s als Parameter dieser Kurve, so ist ihre Bogenläge L durch die Gleichung

$$\frac{dL}{ds} = -\frac{1}{\pi} A\, e^{-T(e^{is})}\, P(e^{is}, s_0, q) \frac{\sigma\left[\frac{\omega}{\pi}(s + s_0)\right]}{\sigma\left[\frac{\omega}{\pi}(s - s_0)\right]} e^{-\frac{2\,\omega\,\eta}{\pi^2} s s_0} \tag{3.13}$$

definiert. $L(s)$ ist im Intervall $0 \leqq s \leqq \pi$ monoton wachsend.

Nach (2.7) ist der Imaginärteil von $\Omega(Z)$ auf $Z = e^{is}$ durch

$$T(e^{is}) = \frac{1}{\pi}\int_0^\pi \{\Psi[l(s)] - \Psi[l(t)]\}\frac{d}{dt}\log\left|\frac{\sigma\left[\frac{\omega}{\pi}(s-t)\right]}{\sigma\left[\frac{\omega}{\pi}(s+t)\right]}\right|dt \qquad (3.14)$$

$$+\frac{2\,\omega\,\eta}{\pi^2}\,s\,(\Psi[l(s)] - s_0)$$

gegeben; er ist HÖLDER-stetig.

Die Gleichung (3.12) zeigt, daß der Winkel der Kurve mit der x-Achse $\Psi[l(s)]$ ist. Sowohl er als auch der Winkel der freien Linien liegt zwischen 0 und π. Das Gebiet, das diese Kurven begrenzen, kann sich also nicht überdecken; sein Rand ist eine Kurve mit stetiger Tangente ohne Doppelpunkte.

Die Relationen (3.1), (3.3), (3.4), (3.6) enthalten folglich alle Eigenschaften eines Totwassers; sie bilden eine unbestimmte Lösung des Problems.

Man kann aus ihnen eine angenäherte Lösung finden. Es sei ein Hindernis gegeben, dessen Form und Orientierung durch die Funktion $\Psi[l]$ bestimmt ist ($c \leqq l \leqq d$); willkürlich seien die Konstanten A und q ($0 < q < 1$) und eine von c bis d wachsende Funktion $l(s)$ ($0 \leqq s \leqq \pi$) gewählt, die die Bedingung (3.7) erfüllt. Das durch die oben bezeichneten Gleichungen definierte Totwasser entspricht einem Hindernis der z-Ebene, das die gleichen Tangentenrichtungen besitzt, wie das vorgegebene Hindernis. Indem man die Gleichung (3.13) mit einer passend gewählten Konstanten multipliziert, kann man ihm dieselbe Länge geben. Das ist die angenäherte Lösung von M. VILLAT.

Die Lösung ist jedoch nur exakt, wenn die Konstante A und die Funktion $l(s)$ so gewählt sind, daß (s) mit der durch die Gleichungen (3.8), (3.13), (3.14) definierten Funktion $L(s)$ übereinstimmt. Das führt auf die Integrodifferentialgleichung

$$\frac{dl}{ds} = -\frac{1}{\pi}A\,e^{-T(e^{is})}\,P(e^{is}, s_0, q)\,\frac{\sigma\left[\frac{\omega}{\pi}(s+s_0)\right]}{\sigma\left[\frac{\omega}{\pi}(s-s_0)\right]}\,e^{-\frac{2\omega\eta}{\pi^2}ss_0}. \qquad (3.15)$$

Außerdem ist in allen Gleichungen noch der Parameter q enthalten, der die Lage der Wand bestimmt.

Soll die Wand vom oberen Ablösungspunkt den Abstand h besitzen, so muß die Relation

$$h(q) = \psi_1 + y_1 \qquad (3.16)$$

erfüllt sein. Dabei ist ψ_1 der durch (1.15) gegebene Abstand der Wand von der Asymptote der oberen freien Linie und y_1 der Abstand dieser Asymptote vom oberen Ablösungspunkt.

Da die elliptische Modulfunktion λ die Achse der imaginären τ umkehrbar eindeutig und stetig auf das Intervall $0 < \lambda < 1$ abbildet, so kann die Funktion (3.16) auch als Funktion von λ angesehen werden.

§ 11. Die Funktionalgleichung des Problems

Das Hindernis sei der Bogen $c \leqq l \leqq d$ einer unbegrenzten Kurve, dessen Form und Orientierung durch die Angabe seines Winkels mit der x-Achse als Funktion der Bogenlänge bestimmt werde: $\Psi[l]$.

Die Funktionen $\Psi[l]$ und $\Psi'[l]$ erfüllen eine HÖLDER-Bedingung mit dem Exponenten α:

$$|\Psi[l_1] - \Psi[l_2]| \leqq C_{\Psi} |l_1 - l_2|^{\alpha}, \qquad |\Psi'[l_1] - \Psi'[l_2]| \leqq C_{\Psi'} |l_1 - l_2|^{\alpha}.$$

Existiert die Norm

$$||\Psi[l]||_{1,\alpha} = \{\text{Max}\,|\Psi| + C_{\Psi}\} + \{\text{Max}|\Psi'| + C_{\Psi'}\},$$

so gehört $\Psi[l]$ zu einem linearen, normierten und vollständigem Raum $\mathfrak{E}_{1,\alpha}$.

Weiter sei $l(s)$ eine im Intervall $0 \leqq s \leqq \pi$ definierte Funktion, die einer HÖLDER-Bedingung mit der Konstanten c_1 und dem Exponenten β genügt:

$$|l(s_1) - l(s_2)| \leqq c_1 |s_1 - s_2|^{\beta}.$$

Die Gesamtheit aller Funktionen, für die die Norm

$$||l(s)||_{\beta} = \text{Max}|l(s)| + c_1$$

existiert, ist ein BANACH-Raum $\mathfrak{E}_{\beta}$.

Schließlich sei $\mathfrak{E}$ die Gesamtheit der Elemente $Y = [l(s), \lambda]$, wobei λ eine reelle Zahl und $l(s)$ aus $\mathfrak{E}_{\beta}$ ist. Die Linearkombination zweier Elemente Y_1 und Y_2 mit Konstanten a_1 und a_2 sei das Element

$$a_1 Y_1 + a_2 Y_2 = [a_1 l_1(s) + a_2 l_2(s), a_1 \lambda_1 + a_2 \lambda_2].$$

Mit der Norm

$$||Y|| = ||l(s)||_{\beta} + |\lambda|$$

wird $\mathfrak{E}$ ebenfalls zu einem BANACH-Raum.

Nun seien $\Psi[l]$ und $l(s)$ Elemente von $\mathfrak{E}_{1,\alpha}$ bzw. $\mathfrak{E}_\beta$, λ eine reelle Zahl $(0 < \lambda < 1)$. Die Gleichung (3.8) definiert eine Konstante s_0, (3.14) bestimmt eine HÖLDER-stetige Funktion $T(e^{is})$; dann definiert (3.13) eine wachsende Funktion $L(s)$, die noch von einer additiven Integrationskonstanten und der Konstanten A abhängt. Es gibt nur eine dieser Funktionen, die für $s = 0$ und $s = \pi$ die Werte c, d annimmt. A genügt daher der Gleichung

$$d - c = -\frac{1}{\pi} A \int_0^\pi e^{-T(e^{is})} P(e^{is}, s_0, q) \frac{\sigma\left[\frac{\omega}{\pi}(s + s_0)\right]}{\sigma\left[\frac{\omega}{\pi}(s - s_0)\right]} e^{-\frac{2\omega\eta}{\pi^2} s s_0} ds. \quad (3.17)$$

$V\{Y, \Psi[l], c, d\}$ sei die Transformation, die die Funktion $L(s)$ liefert. Sie hängt ab von einem Punkt $\Psi[l]$ aus $\mathfrak{E}_{1,\alpha}$, einem Punkt $Y = [l(s), \lambda]$ aus $\mathfrak{E}$ und 2 reellen Konstanten c, d.

Eine zweite Transformation im Raum $\mathfrak{E}$ erhält man aus (3.16). Zunächst sollen die dort auftretenden elliptischen Funktionen durch Thetafunktionen ausgedrückt werden. Es ist

$$P(X, s_0, q) = \frac{4\omega^4 (e_3 - e_1)(e_3 - e_2)^2}{\pi\left[\wp\left(\frac{\omega}{\pi} s_0\right) - e_3\right]} \frac{\vartheta_0^2}{\vartheta_2^2 \vartheta_1^2(v_0)} Q(X, s_0, q), \quad (3.18)$$

$$\frac{\sigma\left[\frac{\omega}{\pi}(s + s_0)\right]}{\sigma\left[\frac{\omega}{\pi}(s - s_0)\right]} = e^{\frac{2\eta\omega}{\pi^2} s s_0} \frac{\vartheta_1(v + v_0)}{\vartheta_1(v - v_0)}$$

mit

$$Q(X, s_0, q) = \frac{\vartheta_1(u)\,\vartheta_2(u)\,\vartheta_1(u + v_0)\,\vartheta_1(u - v_0)}{\vartheta_0^3(u)\,\vartheta_3(u)}, \quad (3.19)$$

$$u = \frac{1}{2\pi i} \log X, \qquad v = \frac{1}{2\pi} s.$$

Nach (1.15) wird

$$\psi_1 = -A \frac{4\omega^4 (e_3 - e_1)(e_3 - e_2)^2}{\pi\left[\wp\left(\frac{\omega}{\pi} s_0\right) - e_3\right]} \frac{\vartheta_0^2}{\vartheta_2^2 \vartheta_1^2(v_0)} \frac{\vartheta_3^2(v_0)}{\vartheta_2^4}.$$

Ferner ist

$$y_1 = \int_{-1}^{-q} \sin \vartheta(X)\, df,$$

wobei man $\vartheta(X)$ und df aus den Gleichungen (3.4) und (1.12) bekommt.

Aus (3.16) folgt daher

$$h(q) = \frac{d-c}{J}\left\{\frac{\pi\,\vartheta_3^2(v_0)}{\vartheta_2^4} + \frac{1}{i}J^*\right\} \tag{3.20}$$

mit

$$\left.\begin{aligned} J &= \int_0^\pi e^{-T}\,Q(e^{is}, s_0, q)\,\frac{\vartheta_1(v+v_0)}{\vartheta_1(v-v_0)}\,ds\,, \\ J^* &= \int_{-1}^{-q} \sin\vartheta(X)\,Q(X, s_0, q)\,\frac{dX}{X}\,. \end{aligned}\right\} \tag{3.21}$$

Wird ψ_1 in der Form

$$\psi_1 = -A\,\frac{4\,\omega^4}{\pi}\,\frac{(e_3-e_1)\,(e_3-e_2)^2}{\wp\left(\frac{\omega}{\pi}\,s_0\right)-e_3}\,\frac{\vartheta_3^2(v_0)}{\vartheta_3^4}\,\frac{1}{\lambda}$$

geschrieben, wo

$$\lambda = \frac{e_2-e_3}{e_1-e_3} = \frac{\vartheta_2^4}{\vartheta_3^4} \tag{3.22}$$

die elliptische Modulfunktion ist, so hat man statt (3.20) die Gleichung

$$h(\lambda) = \frac{d-c}{J}\left\{\frac{\pi\,\vartheta_3^2(v_0)}{\vartheta_3^4}\,\frac{1}{\lambda} + \frac{1}{i}J^*\right\}. \tag{3.23}$$

Die Transformation

$$\frac{d-c}{h\cdot J}\left\{\frac{\pi\,\vartheta_3^2(v_0)}{\vartheta_3^4} + \lambda\,\frac{1}{i}\,J^*\right\} \tag{3.24}$$

hängt ebenso wie V ab von einem Punkt $\Psi[l]$ aus $\mathfrak{S}_{1,\alpha}$, einem Punkt $Y = [l(s), \lambda]$ aus $\mathfrak{S}$ und 3 reellen Konstanten c, d, h und liefert für $0 < \lambda < 1$ eine reelle Zahl Λ. Sie wird mit $W\{Y, \Psi[l], c, d, h\}$ abgekürzt.

Das Totwasserproblem reduziert sich jetzt auf die Aufgabe: gegeben seien β, $\Psi[l]$, c, d, h mit den Einschränkungen

$$0 < \beta < 1\,, \qquad 0 \leqq \Psi[l] \leqq \pi\,, \qquad c < d\,, \qquad 0 < h < \infty\,;$$

zu finden sind ein Punkt $l(s)$ von $\mathfrak{S}_\beta$ mit

$$l(s) = V\{Y, \Psi[l], c, d\}$$

und eine reelle Zahl λ $(0 < \lambda < 1)$ mit

$$\lambda = W\{Y, \Psi[l], c, d, h\}\,.$$

Im Raum $\mathfrak{E}$ ist also die Fixpunktgleichung

$$[V, W] = U\{Y, \Psi[l], c, d, h\} = Y$$

zu lösen.

§ 12. *Stetigkeit der Transformation U*

$\Psi[l]$, $l(s)$, c, d, λ, h und $\Psi_1[l]$, $l_1(s)$, c_1, d_1, λ_1, h_1 seien zwei benachbarte Wertesysteme der Variablen in U, und es sei

$$\delta l(s) = l_1(s) - l(s)\,, \qquad \Delta\Psi[l] = \Psi_1[l] - \Psi[l]\,,$$

$$\delta c = c_1 - c\,, \qquad \delta d = d_1 - d\,, \qquad \delta l = \lambda_1 - \lambda\,, \qquad \delta h = h_1 - h.$$

Die Stetigkeit von U ist bewiesen, wenn

$$\|U_1 - U\| = \|L_1(s) - L(s)\|_\beta + |\Lambda_1 - \Lambda|$$

mit

$$\|\delta l\|_\beta + |\lambda_1 - \lambda|\,, \quad \|\Delta\Psi[l]\|_{1,\alpha}, \quad |\delta c|, \quad |\delta d|, \quad |\delta h|$$

gegen Null strebt.
Zunächst ist

$$\Psi_1[l_1] - \Psi[l] = \Psi_1[l_1] - \Psi_1[l] + \Delta\Psi[l]\,,$$

woraus

$$\operatorname{Max} |\Psi_1[l_1] - \Psi[l]| \leqq S\|\delta l\|_\beta + \|\Delta\Psi[l]\|_{1,\alpha} \tag{3.25}$$

folgt.
Wegen

$$s_{01} - s_0 = \frac{1}{\pi}\int\limits_0^\pi \{\Psi_1[l_1(s)] - \Psi[l(s)]\}\, ds$$

ist

$$|s_{01} - s_0| \leqq S\|\delta l\|_\beta + \|\Delta\Psi[l]\|_{1,\alpha}\,.$$

Nun werde die Schwankung $T_1(e^{is}) - T(e^{is})$ betrachtet. Die Gleichung (3.14) kann in die Form

$$T(e^{is}) = \frac{1}{\pi}\int\limits_0^\pi \{\Psi[l(s)] - \Psi[l(t)]\}\,\frac{d}{dt}\log\left|\frac{\vartheta_1\left(\frac{s-t}{2\pi}\right)}{\vartheta_1\left(\frac{s+t}{2\pi}\right)}\right| dt \tag{3.26}$$

gebracht werden. Wegen

$$\log\left|\frac{\vartheta_1\left(\frac{s-t}{2}\right)}{\vartheta_1\left(\frac{s+t}{2\pi}\right)}\right| = \log\left|\frac{\sin\frac{s-t}{2}}{\sin\frac{s+t}{2}}\right| - 4\sum_{n=1}^\infty \frac{1}{n}\,\frac{q^{2n}}{1-q^{2n}}\sin n s \sin n t \tag{3.26'}$$

erhält man einen von q unabhängigen Bestandteil

$$\frac{1}{\pi}\int_0^\pi \{\Psi[l(s)] - \Psi[l(t)]\} \frac{\sin s}{\cos s - \cos t}\, dt$$

und den Anteil

$$\int_0^\pi \{\Psi[l(s)] - \Psi[l(t)]\}\, f(s, t, q)\, dt$$

mit der für $0 \leqq q < 1$ bezüglich aller Argumente stetigen Funktion

$$f(s, t, q) = -\frac{4}{\pi}\sum_{n=1}^{\infty} \frac{q^{2n}}{1 - q^{2n}} \sin n s \cos n t \,.$$

Es geht daher $\operatorname{Max} |T_1(e^{is}) - T(e^{is})|$ mit $||\delta l||_\beta + |\lambda_1 - \lambda|$ und $||\Delta\Psi[l]||_{1,\alpha}$ gegen Null.

Führt man die Konstante A aus (3.17) in (3.13) ein, so wird

$$\frac{dL}{ds} = \frac{d - c}{J} e^{-T} \bar{Q}(e^{is}, s_0, q) \tag{3.27}$$

mit

$$\bar{Q}(e^{is}, s_0, q) = \frac{\vartheta_1(v)\, \vartheta_2(v)\, \vartheta_1^2(v + v_0)}{\vartheta_0^3(v)\, \vartheta_3(v)} \,.$$

$\bar{Q}(e^{is}, s_0, q)$ ist für $0 \leqq s \leqq \pi$, $0 \leqq s_0 \leqq \pi$, $0 \leqq q < 1$ bezüglich aller Argumente stetig. Es ergibt sich

$$J_1 - J = \int_0^\pi \{e^{-T_1} - e^{-T}\} \bar{Q}_1 + e^{-T} (\bar{Q}_1 - \bar{Q})\}\, ds$$

und

$$\frac{d(L_1 - L)}{ds} = \frac{\delta d \cdot J - \delta c \cdot J_1 + (c_1 - d)(J_1 - J)}{J \cdot J_1} e^{-T_1} \bar{Q}_1$$
$$+ \frac{d - c}{J}(e^{-T_1} - e^{-T}) \bar{Q}_1 + \frac{d - c}{J}(\bar{Q}_1 - \bar{Q})\, e^{-T} ,$$

woraus $\operatorname{Max}\left|\frac{d(L_1 - L)}{ds}\right| \to 0$ und schließlich $||V_1 - V||_\beta \to 0$ folgt.

In der Transformation (3.24) ist die Stetigkeit des zweiten Summanden zu zeigen.

Nach (2.5) und (2.6) ist

$$\vartheta(X) = \int_0^\pi \Phi(t)\, g(u, t, q)\, dt$$

mit

$$g(u, t, q) = \frac{i}{\pi} \frac{\vartheta_2(u)\, \vartheta_3(u)\, \vartheta_0(u)}{\vartheta_1(u)} \frac{\vartheta_1^2(w)}{\vartheta_1(u + w)\, \vartheta_1(u - w)}, \qquad (3.28)$$

und weiter ist

$$\Phi_1(s) - \Phi(s) = \begin{cases} \Psi_1[l_1(s)] - \Psi[l(s)] & \text{für } 0 \leqq s < s_{01},\ s_0 < s \leqq \pi \\ \Psi_1[l_1(s)] - \Psi[l(s)] + \pi & \text{für } s_{01} < s < s_0 \,. \end{cases}$$

Im Intervall $-1 < X \leqq -q$ wird für $q < q_1$

$$\begin{aligned} \vartheta_1(X) - \vartheta(X) &= \int_0^{s_{01}} \{\Phi_1(s)\, g(u, s, q_1) - \Phi(s)\, g(u, s, q)\}\, ds \\ &+ \int_{s_0}^{\pi} \{\Phi_1(s)\, g(u, s, q_1) - \Phi(s)\, g(u, s, q)\}\, ds \\ &+ \int_{s_{01}}^{s_0} \{\Phi_1(s)\, g(u, s, q_1) - \Phi(s)\, g(u, s, q)\}\, ds \,. \end{aligned}$$

Daraus folgt $\operatorname{Max} |\vartheta_1(X) - \vartheta(X)| \to 0$ zunächst für das Intervall $-1 + \delta \leqq X \leqq -q$. Da aber $\vartheta_1(X)$ bzw. $\vartheta(X)$ für $X \to -1$ nach $\Phi_1(\pi)$ bzw. $\Phi(\pi)$ streben, gilt es für das ganze Intervall $-1 \leqq X \leqq -q$.

Die Differenz $J_1^* - J^*$ sei in die Summe

$$\int_{-1}^{-q_1-\eta'} \{\sin \vartheta_1(X)\, Q(X, s_{01}, q_1) - \sin \vartheta(X)\, Q(X, s_0, q)\} \frac{dX}{X}$$

$$- \int_{-q_1-\eta'}^{-q} \sin \vartheta(X)\, Q(X, s_0, q) \frac{dX}{X} + \int_{-q_1-\eta'}^{-q_1} \sin \vartheta_1(X)\, Q(X, s_{01}, q_1) \frac{dX}{X}$$

zerlegt mit beschränkten Integranden der beiden letzten Integrale. Durch geeignete Wahl von η' wird das letzte Integral, nach dem vorangehenden die übrigen Integrale vorgebbar klein. Die Transformation W hängt daher ebenfalls stetig von allen Argumenten ab.

§ 13. *Vollstetigkeit der Transformation U*

Eine Transformation heißt vollstetig, wenn sie stetig ist und jede beschränkte Menge in eine kompakte Menge überführt.

Nun kann man $\operatorname{Max}|L(s)|$, $\operatorname{Max}\left|\frac{dL}{ds}\right|$ und $|\Lambda|$ durch eine beschränkte Funktion von $||l(s)||_\beta$, $||\Psi[l]||_{1,\alpha}$, $|c|$, $|d|$, λ, h abschätzen, wie aus § 12 hervorgeht. Wegen

$$|L(s) - L(s')| \leqq K(||l(s)||_\beta, ||\Psi[l]||_{1,\alpha}, |c|, |d|, h, \lambda)\, |s - s'|$$

gehören die Elemente $L(s)$ zu $\mathfrak{E}_1$. Auf jeder beschränkten Menge von Elementen $l(s)$, $\Psi[l]$, c, d, h und λ in $\eta \leqq \lambda \leqq 1 - \eta$, $\eta > 0$ gilt dann $||L(s)||_1 \leqq K$. Aus dieser Menge kann man eine in $\mathfrak{E}_1$ schwach konvergente Teilfolge auswählen. Sie konvergiert stark in jedem Raum $\mathfrak{E}_\beta$ mit $\beta < 1$. Die Menge $|\Lambda| \leqq K$ enthält ebenfalls eine konvergente Teilfolge. Also ist die Menge $[L(s), \Lambda]$ in $\mathfrak{E}$ kompakt, und U ist vollstetig.

§ 14. *Der Verlauf der Funktion $h(q)$*

Sind die Funktionen $\Psi[l]$, $l(s)$, die Konstanten c, d und q vorgegeben, so ist die Lage h der Wand bestimmt. Der § 12 zeigt insbesondere, daß $h(q)$ für $0 < q < 1$ stetig von q abhängt. Es ist zu erwarten, daß die Funktion $h(q)$ in den Endpunkten dieses Intervalles gegen Unendlich bzw. Null strebt.

Der Endpunkt $q = 0$ ist leicht zu übersehen und liefert die Gleichungen, die die unbegrenzte Strömung charakterisieren. Aus (3.26) folgt für die Funktion (3.14)

$$T_0(e^{is}) = \frac{1}{\pi} \int_0^\pi \{\Psi[l(s)] - \Psi[l(t)]\} \frac{\sin s}{\cos s - \cos t} \, dt \, .$$

Ferner ist

$$\lim_{q \to 0} \frac{1}{q} \bar{Q}(e^{is}, s_0, q) = 8 \sin s \sin^2 \frac{s + s_0}{2} \quad ,$$

so daß aus (3.27)

$$\frac{dL}{ds} = \frac{d - c}{J_0} e^{-T_0} \sin s \sin^2 \frac{s + s_0}{2}$$

entsteht. Setzt man $\frac{d - c}{J_0} = 4\,a$, so folgen die den Gleichungen (3.13) und (3.17) äquivalenten Beziehungen

$$\frac{dL}{ds} = 4\,a\,e^{-T_0(e^{is})} \sin s \sin^2 \frac{s + s_0}{2} \quad ,$$

$$d - c = 4\,a \int_0^\pi e^{-T_0(e^{is})} \sin s \sin^2 \frac{s + s_0}{2} \, ds \, .$$

Die Abbildungsfunktion (3.11) wird jetzt

$$dz = 2\,a\,e^{i\Omega_0(Z)} \{Z\,e^{is_0} + Z^{-1}\,e^{-is_0}\} \{Z - Z^{-1}\} \frac{dZ}{Z} \, .$$

Aus (3.9) und (2.6) folgt

$$\Omega_0(Z) = \frac{1}{\pi} \frac{2Z(Z+1)}{Z-1} \int_0^\pi \Psi[l(s)] \frac{1-\cos s}{1-2Z\cos s+Z^2}\, ds - s_0 \frac{Z+1}{Z-1},$$

woraus sich wegen

$$\frac{1-\cos s}{1-2Z\cos s+Z^2} = \frac{1}{2Z} + \frac{Z-1}{2Z(Z+1)} \frac{1-Z^2}{1-2Z\cos s+Z^2} \quad (Z \neq 0)$$

und (3.8)

$$\Omega_0(Z) = \frac{1}{\pi} \int_0^\pi \Psi[l(s)] \frac{1-Z^2}{1-2Z\cos s+Z^2}\, ds$$

ergibt.

Im Endpunkt $q = 1$ sind die Thetareihen nicht mehr konvergent. Aus den Beziehungen

$$\left.\begin{aligned}
\vartheta_1(v,\tau) &= i\sqrt{\frac{i}{\tau}}\, e^{-\frac{i\pi v^2}{\tau}} \vartheta_1\left(\frac{v}{\tau}, -\frac{1}{\tau}\right),\\
\vartheta_2(v,\tau) &= \sqrt{\frac{i}{\tau}}\, e^{-\frac{i\pi v^2}{\tau}} \vartheta_0\left(\frac{v}{\tau}, -\frac{1}{\tau}\right),\\
\vartheta_3(v,\tau) &= \sqrt{\frac{i}{\tau}}\, e^{-\frac{i\pi v^2}{\tau}} \vartheta_3\left(\frac{v}{\tau}, -\frac{1}{\tau}\right),\\
\vartheta_0(v,\tau) &= \sqrt{\frac{i}{\tau}}\, e^{-\frac{i\pi v^2}{\tau}} \vartheta_2\left(\frac{v}{\tau}, -\frac{1}{\tau}\right)
\end{aligned}\right\} \tag{3.29}$$

ergibt sich für $\tau = i\pi p$ und $p \to 0$:

$$\begin{aligned}
\vartheta_1(v, i\pi p) &= -\frac{1}{\sqrt{\pi p}}\, e^{\frac{-v^2-v-\frac{1}{4}}{p}} \sum_{n=-\infty}^{\infty} (-1)^n e^{\frac{(2v+1)n-n^2}{p}}\\
&= -\frac{1}{\sqrt{\pi p}}\, e^{\frac{-v^2-v-\frac{1}{4}}{p}} \{1+o(1)\} \quad \text{in} \quad -1 < v < 0,
\end{aligned}$$

$$\vartheta_1(v, i\pi p) = -\frac{1}{\sqrt{\pi p}}\, e^{\frac{-v^2+v-\frac{1}{4}}{p}} \sum_{n=-\infty}^{\infty} (-1)^n e^{\frac{(2v-n)(n-1)}{p}}$$

$$= -\frac{1}{\sqrt{\pi p}}\, e^{\frac{-v^2+v-\frac{1}{4}}{p}} \{1+o(1)\} \quad \text{in} \quad 0 < v < 1\,,$$

$$\vartheta_2(v, i\pi p) = \frac{1}{\sqrt{\pi p}}\, e^{-\frac{v^2}{p}} \{1+o(1)\} \quad \text{in} -\frac{1}{2} < v < \frac{1}{2}\,,$$

$$\vartheta_3(v, i\pi p) = \frac{1}{\sqrt{\pi p}}\, e^{-\frac{v^2}{p}} \{1+o(1)\} \quad \text{in} -\frac{1}{2} < v < \frac{1}{2}\,,$$

$$\vartheta_0(v, i\pi p) = \frac{1}{\sqrt{\pi p}}\, e^{\frac{-v^2+v-\frac{1}{4}}{p}} \{1+o(1)\} \quad \text{in}\, 0 < v < 1\,,$$

$$\vartheta_0(v, i\pi p) = \frac{1}{\sqrt{\pi p}}\, e^{\frac{-v^2-v-\frac{1}{4}}{p}} \{1+o(1)\} \quad \text{in} -1 < v < 0\,.$$

Um $T(e^{is})$ abzuschätzen, muß nach (3.26) die Funktion

$$\frac{d}{dt} \log \left| \frac{\vartheta_1(v-w)}{\vartheta_1(v+w)} \right| = -\frac{1}{2\pi} \frac{\vartheta_1(v+w)\,\vartheta_1'(v-w) + \vartheta_1(v-w)\,\vartheta_1'(v+w)}{\vartheta_1(v-w)\,\vartheta_1(v+w)}$$

untersucht werden. Der Zähler besitzt die Entwicklung

$$-\frac{1}{\pi p^2}\, e^{\frac{-2v^2-2w^2+2v-\frac{1}{2}}{p}} \times$$

$$\times \sum_{n,m=-\infty}^{\infty} (-1)^{n+m} \{4v - 2n - 2m + 2\}\, e^{\frac{F(n,m)}{p}}\,,$$

wobei im Intervall $0 \leqq w < v \leqq \frac{1}{2}$

$$F(n, m) = -n^2 - m^2 + n + m + 2v\,(n+m-2) + 2w\,(n-m)$$

für $n = m = 1$ verschwindet und sonst negativ ist. In diesem Intervall verhält sich daher der Zähler für $p \to 0$ wie

$$\frac{-2(2v-1)}{\pi p^2} e^{\frac{-2v^2-2w^2+2v-\frac{1}{2}}{p}} \{1+o(1)\}$$

und im Intervall $0 \leqq v < w \leqq \frac{1}{2}$ wie

$$\frac{4v}{\pi p^2} e^{\frac{-2v^2-2w^2+2w-\frac{1}{2}}{p}} \{1+o(1)\}.$$

Für den Nenner ergibt sich in $0 \leqq w < v \leqq \frac{1}{2}$

$$\frac{1}{\pi p} e^{\frac{-2v^2-2w^2+2v-\frac{1}{2}}{p}} \{1+o(1)\}$$

und in $0 \leqq v < w \leqq \frac{1}{2}$

$$\frac{1}{\pi p} e^{\frac{-2v^2-2w^2+2w-\frac{1}{2}}{p}} \{1+o(1)\}.$$

Daraus folgt

$$\frac{d}{dt} \log \left| \frac{\vartheta_1(v-w)}{\vartheta_1(v+w)} \right| = \begin{cases} \frac{2v-1}{\pi p} \{1+o(1)\} & \text{in } 0 \leqq w < v \leqq \frac{1}{2} \\ \frac{2v}{\pi p} \{1+o(1)\} & \text{in } 0 \leqq v < w \leqq \frac{1}{2}, \end{cases}$$

und damit für $\Psi[l] \not\equiv$ const,

$$T(e^{is}) = \frac{1}{p}\left(-4vv_0 + \frac{2}{\pi}\Theta(v)\right)\{1+o(1)\},$$

wobei

$$\Theta(v) = \frac{1}{2\pi}\int_0^s \Psi[l(t)]\,dt \qquad \left(0 \leqq \frac{1}{\pi}\Theta(v) \leqq v_0\right)$$

gesetzt ist.

Nach den Beziehungen (3.30) ist für $p < \eta$ in jedem Intervall $0 < \delta \leqq v \leqq \frac{1}{2} - \delta$

$$\overline{Q}(e^{is}) > C\, e^{\frac{-4 v v_0 + 2 v_0 - 2 v_0^2}{p}},$$

ferner ist

$$T(e^{is}) < \frac{1}{p}\left(-4 v v_0 + \frac{2}{\pi}\Theta(v)\right)(1+\varepsilon),$$

falls $-4 v v_0 + \frac{2}{\pi}\Theta(v) \geqq 0$ und

$$T(e^{is}) < \frac{1}{p}\left(-4 v v_0 + \frac{2}{\pi}\Theta(v)\right)(1-\varepsilon),$$

falls $-4 v v_0 + \frac{2}{\pi}\Theta(v) \leqq 0$. Im ersten Fall wird

$$e^{-T(e^{is})}\,\overline{Q}(e^{is}) > C\, e^{\frac{-2 v_0^2}{p}}\, e^{\frac{2}{p}\left\{v_0(1+2 v \varepsilon) - \frac{1}{\pi}\Theta(v)(1+\varepsilon)\right\}} > C\, e^{\frac{-2 v_0^2}{p}},$$

im zweiten Fall

$$e^{-T(e^{is})}\,Q(e^{is}) > C\, e^{\frac{-2 v_0^2}{p}}\, e^{\frac{2}{p}\left\{v_0(1-2 v \varepsilon) - \frac{1}{\pi}\Theta(v)(1-\varepsilon)\right\}} > C\, e^{\frac{-2 v_0^2}{p}}.$$

Daraus folgen die Abschätzungen

$$J = 2\pi \int_0^{\frac{1}{2}} e^{-T(e^{is})}\,\overline{Q}(e^{is})\,dv > 2\pi C \int_{\delta}^{\frac{1}{2}-\delta} e^{\frac{-2 v_0^2}{p}}\,dv$$

$$(d-c)\,\pi\,\frac{\vartheta_3^2(v_0)}{J\,\vartheta_2^4} < C' p\,.$$

Um den zweiten Summanden in (3.20) abzuschätzen, benötigt man das Verhalten der Thetareihen für komplexe Argumente. Aus den Gleichungen (3.29) folgt

$$\vartheta_1(i w, i\pi p) = -\frac{2 i}{\sqrt{\pi p}}\, e^{\frac{w^2 - \frac{1}{4}}{p}} \sum_{n=1}^{\infty} (-1)^n e^{\frac{n-n^2}{p}} \sin\frac{2n-1}{p} w$$

$$= \frac{2 i}{\sqrt{\pi p}}\, e^{\frac{w^2 - \frac{1}{4}}{p}} \sin\frac{w}{p}\{1 + o(1)\} \quad \text{in } 0 < w < \pi p,$$

$$\vartheta_2(v + i w, i \pi p) = \frac{1}{\sqrt{\pi p}} e^{\frac{-v^2 + w^2}{p}} \{1 + o(1)\} \quad \text{in} - \frac{1}{2} \leqq v \leqq \frac{1}{2}$$

$$0 < w < \pi p,$$

$$\vartheta_3(i w, i \pi p) = \frac{1}{\sqrt{\pi p}} e^{\frac{w^2}{p}} \{1 + o(1)\} .$$

Nach (3.28) ist

$$\vartheta(X) = -\frac{i}{\pi} \frac{\vartheta_0(i w)\, \vartheta_1(i w)\, \vartheta_3(i w)}{\vartheta_2(i w)} \int_0^\pi \Phi(s) \frac{\vartheta_1^2(v)}{\vartheta_2(i w + v)\, \vartheta_2(i w - v)} ds$$

mit $w = -\frac{1}{2\pi} \log |X| \qquad \left(0 \leqq w \leqq \frac{\pi}{2} p\right)$. Wegen $|\Phi(s)| \leqq \pi$ folgt für $p \to 0$

$$|\sin \vartheta(X)| \leqq |\vartheta(X)| \leqq C \sqrt{\pi p}\, |\vartheta_0(i w)|\, e^{\frac{-w^2 + \frac{1}{4}}{p}} .$$

Es ist dann

$$\frac{1}{i} J^* = 2\pi \int_0^{\frac{\pi}{2} p} \sin \vartheta(X) \frac{\vartheta_1(i w)\, \vartheta_2(i w)\, \vartheta_2(i w + v_0)\, \vartheta_2(i w - v_0)}{i\, \vartheta_0(i w)\, \vartheta_3^3(i w)} dw$$

$$< C' p\, e^{\frac{-2 v_0^2}{p}} ,$$

woraus folgt:

$$\frac{1}{i} \frac{J^*}{J} < C'' p .$$

Ist $\Psi[l] \equiv k = \text{const}$ $(k \neq 0,\ k \neq \pi)$, so wird $T(e^{is}) = 0$. Man erhält

$$J > 2\pi C e^{\frac{1}{p}\{-2 v_0^2 + 2 v_0\}} \int_\delta^{\frac{1}{2} - \delta} e^{\frac{-4 v v_0}{p}} dv > C' e^{\frac{-2 v_0^2}{p}}$$

und daraus dieselben Abschätzungen.

Die Funktion $h(q)$ konvergiert mit p unabhängig von $l(s)$ gegen Null.

IV. Die Schranken der Unbekannten $l(s)$

§ 15. *Das Problem dieses Kapitels*

Definition: Eine Familie von Hindernissen heiße beschränkt, wenn ihre Längen $d - c$ und ihre Krümmungen in ihrer Gesamtheit beschränkt sind.

In diesem Kapitel soll folgender Satz bewiesen werden:

Theorem: Die einer beschränkten Familie von Hindernissen entsprechenden Funktionen $l(s)$ genügen für alle λ aus einem Intervall $J_\eta: \eta \leqq \lambda \leqq 1 - \eta, \eta > 0$ derselben Ungleichung

$$|l(s) - l(s')| \leqq C\,|s - s'|^{\beta},$$

d. h. die Normen $||l(s)||_\beta$ sind in ihrer Gesamtheit beschränkt.

Aus der Ungleichung von HÖLDER

$$\left|\int_a^b \varphi(x)\,\psi(x)\,dx\right| < \left[\int_a^b |\varphi(x)|^{\frac{1}{1-\beta}}\,dx\right]^{1-\beta}\left[\int_a^b |\psi(x)|^{\frac{1}{\beta}}\,dx\right]^{\beta}$$

folgt

$$|l(s) - l(s')| < \left[\int_{s'}^{s} \left|\frac{dl}{ds}\right|^{(1-\beta)^{-1}} ds\right]^{1-\beta} |s - s'|^{\beta}.$$

Nach den Entwicklungen des § 11 ist

$$\frac{dl}{ds} = -A\left(\frac{\pi}{2}\right)^2 e^{-T(e^{is})}\,\frac{\vartheta_2^4\,\vartheta_0^2\,\vartheta_3^2}{\vartheta_0^2(v_0)}\,\bar{Q}\,(e^{is}, s_0, q)\,,$$

wobei $\bar{Q}(e^{is}, s_0, q)$ für $0 \leqq s \leqq \pi$, $0 \leqq s_0 \leqq \pi$, $0 \leqq q < 1$ stetig bezüglich aller Argumente ist.

Es ist daher zweierlei zu zeigen:

1. Die Koeffizienten A sind in ihrer Gesamtheit beschränkt.
2. Die Integrale

$$\int_0^\pi e^{-(1-\beta)^{-1}\,T(e^{is})}\,ds \tag{4.1}$$

sind in ihrer Gesamtheit beschränkt.

§ 16. Majorisation der Koeffizienten

Nach Gleichung (3.1) gilt

$$d - c = -\frac{\omega^3}{\pi} A \int_0^\pi e^{-\tau(e^{is})} \times$$

$$\times \frac{\left|\wp\left(\frac{\omega}{\pi} s - \omega'\right) - \wp\left(\frac{\omega}{\pi} s_0 - \omega'\right)\right|}{\wp\left(\frac{\omega}{\pi} s - \omega'\right) - e_1} \wp'\left(\frac{\omega}{\pi} s - \omega'\right) ds . \qquad (4.2)$$

Die Kurve mit der Parameterdarstellung

$$x = \tau(e^{is}) , \qquad y = e^{-\tau(e^{is})}$$

trage die Massenbelegung

$$dm = -\frac{\omega^3}{\pi} \frac{\left|\wp\left(\frac{\omega}{\pi} s - \omega'\right) - \wp\left(\frac{\omega}{\pi} s_0 - \omega'\right)\right|}{\wp\left(\frac{\omega}{\pi} s - \omega'\right) - e_1} \wp'\left(\frac{\omega}{\pi} s - \omega'\right) ds .$$

Da die Exponentialfunktion konvex ist, liegt ihr Schwerpunkt oberhalb der Kurve. Sind ξ, η die Koordinaten dieses Schwerpunktes, so gilt also $\eta > e^{-\xi}$ oder $\log \eta > -\xi$.

Nun ist

$$\xi = \frac{1}{M} \int_0^\pi \tau(e^{is})\, dm, \; \eta = \frac{1}{M} \int_0^\pi e^{-\tau(e^{is})}\, dm = \frac{1}{M} \frac{d-c}{A} .$$

Folglich hat man die Ungleichung

$$\log \frac{d-c}{M \cdot A} > \frac{\omega^3}{\pi} \frac{1}{M} \int_0^\pi \tau(e^{is}) \times$$

$$\times \frac{\left|\wp\left(\frac{\omega}{\pi} s - \omega'\right) - \wp\left(\frac{\omega}{\pi} s_0 - \omega'\right)\right|}{\wp\left(\frac{\omega}{\pi} s - \omega'\right) - e_1} \wp'\left(\frac{\omega}{\pi} s - \omega'\right) ds . \qquad (4.3)$$

M ist die zwischen den Parameterwerten $s = 0$ und $s = \pi$ liegende Gesamtmasse:

$$M = \omega^2 \left[2 x_0 + e_1 + (e_1 - x_0) \log \frac{(x_0 - e_1)^2}{(e_1 - e_3)(e_1 - e_2)} \right], \left(x_0 = \wp\left(\frac{\omega}{\pi} s_0 - \omega'\right)\right) .$$

Die Ungleichung

$$\frac{\pi^2}{4}(\vartheta_0^2 - \vartheta_3^2) \leqq M \leqq \frac{\pi^2}{4}\left(\vartheta_3^4 \log\frac{\vartheta_3^4}{\vartheta_0^4} - \vartheta_2^4\right)$$

zeigt, daß M in J_η beschränkt ist und eine positive untere Schranke besitzt.

Nun soll bewiesen werden, daß das Integral in (4.3) beschränkt ist.

Die Funktion

$$\frac{1}{\pi}\int_{s_0}^{s} \tau(e^{it})\, P(e^{it}, s_0, q)\, dt$$

ist gleich dem Imaginärteil der Funktion

$$\Pi(Z) = \frac{1}{i\,\pi}\int_{e^{is_0}}^{Z} \omega(\zeta)\, P(\zeta, s_0, q)\frac{d\zeta}{\zeta} \quad \text{für } Z = e^{is},$$

nachdem die Ebene längs der Geraden $Z = r\,e^{-is_1}$ aufgeschnitten wurde, um die Eindeutigkeit von $\Pi(Z)$ zu garantieren. Der Winkel s_1 wird noch festgelegt.

In einer Umgebung von $Z = q$ besitzt der Integrand von $\Pi(Z)$ die Entwicklung

$$\pi(\zeta) = \frac{1}{i\,\pi}\omega(\zeta)\, P(\zeta, s_0, q)\frac{1}{\zeta} = \frac{a_{-2}}{(\zeta - q)} + \frac{a_{-1}}{\zeta - q} + a_0 + a_1(\zeta - q) + \cdots$$

mit

$$\begin{aligned} a_{-2} &= 2\,\pi^2 q^2\,\omega'(q)\,, \\ a_{-1} &= \pi^2 q\,\{\omega'(q) + q\,\omega''(q)\}\,, \\ a_0 &= \frac{1}{6}\pi^2\{2\,q\,\omega'''(q) + 3\,q\,\omega''(q) + 3\,b\,\omega'(q)\}\,. \end{aligned}$$

Dabei ist

$$\omega'(q) = \frac{1}{\pi^3 q}\int_0^{\pi} \Phi(s)\, d(s, q)\, ds\,,$$

$$\omega''(q) = -\frac{1}{\pi^3 q^2}\int_0^{\pi} \Phi(s)\, d(s, q)\, ds\,,$$

$$\omega'''(q) = \frac{1}{\pi^3 q^3}\int_0^{\pi} \Phi(s)\left\{2\,d(s, q) + \frac{3}{\pi^2}d^2(s, q) + \frac{1}{\pi^2}e(q)\cdot d(s, q)\right\} ds\,,$$

$$b = -\frac{2\omega^2}{\pi^2}\left\{2\,\zeta'\left(\frac{\omega}{\pi}s_0\right) + \zeta'(\omega') + \zeta'(\omega+\omega') - \zeta'(\omega)\right\}$$

$$= \frac{1}{\pi^2}\left\{\frac{\vartheta_2''}{\vartheta_2} - \frac{\vartheta_1''(v_0)}{\vartheta_1(v_0)} + \left[\frac{\vartheta_1'(v_0)}{\vartheta_1(v_0)}\right]^2\right\},$$

$$d(s,q) = 2\,\omega^2\frac{(e_1-e_3)(e_2-e_3)}{e_3 - \wp\left(\frac{\omega}{\pi}s\right)} = -\frac{1}{2}\pi^2\vartheta_2^2\vartheta_3^2\frac{\vartheta_1^2(v)}{\vartheta_0^2(v)},$$

$$e(q) = -12\,\omega^2 e_3 = \pi^2(\vartheta_2^4 + \vartheta_3^4)\,.$$

Wie diese Darstellungen zeigen, sind die Koeffizienten a_{-2}, a_{-1}, a_0 stetige Funktionen von q und wegen $|\Phi(s)| \leqq \pi$ in J_η beschränkt. Um $\zeta = -q$ besitzt $\pi(\zeta)$ eine reguläre Entwicklung. Die Funktion

$$\Pi_1(Z) = \int_{e^{is_0}}^{Z}\left\{\pi(\zeta) - \frac{a_{-2}}{(\zeta-q)^2} - \frac{a_{-1}}{\zeta-q}\right\}d\zeta$$

$$= \Pi(Z) + \frac{a_{-2}}{Z-q} - a_{-1}\log(Z-q) - \frac{a_{-2}}{e^{is_0}-q} + a_{-1}\log(e^{is_0}-q) \tag{4.4}$$

ist dann im aufgeschnittenen Ringgebiet $q \leqq |Z| < 1$ regulär. Sei $f(Z)$ diejenige für $|Z| < 1$ reguläre Funktion, deren Realteil für $Z = e^{is}$ die Werte

$$\operatorname{Re}\frac{1}{e^{is}-q}$$

annimmt und

$$G(Z) = -\log\frac{1-Zq}{Z-q}\,.$$

Dann besitzen die Funktionen $G(Z)$ und

$$g(Z) = f(Z) - \frac{1}{Z-q}$$

für $Z = e^{is}$ einen verschwindenden Realteil. Führt man diese Funktionen in (4.4) ein, so folgt

$$\Pi(Z) = \Pi_2(Z) + a_{-2}\,g(Z) + a_{-1}\,G(Z)\,, \tag{4.5}$$

wobei $\Pi_2(Z)$ eine im aufgeschnittenen Ring $q \leqq |Z| < 1$ reguläre Funktion bezeichnet. Es ist

$$\operatorname{Re}\Pi(e^{is}) = \operatorname{Re}\Pi_2(e^{is})$$

gleich der Funktion

$$u(s, q) = \frac{1}{\pi} \int_{s_0}^{s} \vartheta(e^{it}) \, P(e^{it}, s_0, q) \, dt$$

mit

$$P(e^{it} s_0, q) = -\frac{\pi^2}{4} \frac{\vartheta_0^2 \vartheta_2^4 \vartheta_3^2}{\vartheta_0^2(v_0)} Q(e^{it}, s_0, q) ,$$

wobei $Q(e^{it}, s_0, q)$ in (3.19) erklärt ist. Wegen $|\vartheta(e^{it})| \leqq \pi$ folgt aus dieser Gleichung, daß $u(s, q)$ und $u'(s, q)$ für alle s und q aus J_η beschränkt sind.

Für das Folgende ist noch wichtig, daß auch $v(s, q) = \operatorname{Re} \Pi_2(q\, e^{is})$ für alle s und q in J_η beschränkt ist. Um $v(s, q)$ zu berechnen, sei in (4.4) der Integrationsweg von e^{is_0} bis -1 längs $|Z| = 1$, von -1 bis $-q$ längs der reellen Achse und von $-q$ bis $q\, e^{is}$ längs $|Z| = q$ gewählt. Zu $\varepsilon = 1$ existiert für jedes q in J_η ein $\delta(q)$, so daß

$$\left| \pi(\zeta) - \frac{a_{-2}}{(\zeta - q)^2} - \frac{a_{-1}}{\zeta - q} \right| < |a_0| + 1 < S \tag{4.6}$$

für $|\zeta - q| < \delta(q)$ gilt; denn a_0 ist in J_η beschränkt. Die Vereinigung dieser $\delta(q)$-Umgebungen enthält ein Gebiet von Punkten $r\, e^{is}$ $(\eta \leqq r \leqq 1 - \eta, \; -s_1 \leqq s \leqq s_1)$ mit der Eigenschaft: für jedes q in J_η gilt die Ungleichung (4.6) für die Punkte $q\, e^{is}$ mit $-s_1 \leqq s \leqq s_1$. Längs der Geraden $r\, e^{is_1}$ sei das Ringgebiet für jedes q aufgeschnitten. In $s_1 \leqq s \leqq 2\pi - s_1$ ist

$$\operatorname{Re} \Pi(q\, e^{is}) = u(\pi, q) + \frac{1}{i\pi} \int_{-1}^{-q} \vartheta(X) \, P(X, s_0, q) \frac{dX}{X}$$

wegen $|\vartheta(Z)| \leqq \pi$ in J_η beschränkt und damit nach (4.5) auch $\operatorname{Re} \Pi_2(q\, e^{is})$. In $-s_1 \leqq s \leqq s_1$ ist

$$\operatorname{Re} \Pi_1(q\, e^{is}) = \operatorname{Re} \Pi_1(q\, e^{is_1}) + \operatorname{Re} \int_{\gamma_s} \left\{ \pi(\zeta) - \frac{a_{-2}}{(\zeta - q)^2} - \frac{a_{-1}}{\zeta - q} \right\} d\zeta ,$$

wenn γ_s den Bogen $\widehat{q\, e^{is_1} \, q\, e^{is}}$ des Kreises $|Z| = q$ bezeichnet. Der erste Summand dieser Gleichung ist nach (4.4) mit $\operatorname{Re} \Pi(q\, e^{is_1})$ in J_η beschränkt, der zweite nach (4.6). Also ist auch in diesem Intervall $\operatorname{Re} \Pi_2(q\, e^{is})$ bezüglich s und q beschränkt, und die Behauptung über $v(s, q)$ ist bewiesen.

Die Funktionen $u(s, q)$ und $v(s, q)$ sind mit 2π periodisch, und es sei $R(Z, q)$ diejenige Funktion, die sie als Randwerte besitzt. Dann gilt

$$\operatorname{Re} R(Z, q) = \operatorname{Re} \Pi_2(Z) ,$$

und die Imaginärteile beider Funktionen unterscheiden sich nur durch eine Konstante. Diese ist wegen $\Pi(e^{is_0}) = 0$ gleich

$$\operatorname{Im} R(e^{is_0}, q) + a_{-2}\, g(e^{is_0}) + a_{-1}\, G(e^{is_0}) .$$

Die Funktion $R(Z, q)$ besitzt auf $|Z| = 1$ die Werte $u(s, q) + i\, Q(e^{is}, q)$, und es ist nach (2.3)

$$Q(e^{is}, q) = \frac{1}{2\,\omega} \int_0^{2\pi} \{u(t, q) - u(s, q)\} \operatorname{ctg} \frac{s-t}{2}$$

$$+ \frac{2}{\pi} \sum_{n=1}^{\infty}{}' \frac{q^{2n}}{1-q^{2n}} \int_0^{2\pi} \{u(t, q) - u(s, q)\} \sin(s-t)\, n\, dt$$

$$- \frac{2}{\pi} \sum_{n=1}^{\infty}{}' \frac{q^{n}}{1-q^{2n}} \int_0^{2\pi} v(t, q) \sin(s-t)\, n\, dt$$

$$+ \left\{\left(\frac{i\,\omega}{2\,\pi^2\,\omega'} - \frac{\omega\,\eta}{\pi^3}\right) s + \frac{\omega\,\eta}{\pi^3}\right\} \int_0^{2\pi} \{u(t, q) - v(t, q)\}\, dt .$$

Diese Darstellung und

$$\frac{i\,\omega}{\omega'} = - \frac{\pi}{\log q}, \qquad \omega\,\eta = - \frac{1}{12} \frac{\vartheta_1'''}{\vartheta_1'}$$

zeigt, daß $R(e^{is}, q)$ für $\eta \leqq q \leqq 1 - \eta$, $0 \leqq s \leqq 2\pi$ gleichmäßig beschränkt ist. Dasselbe gilt dann für $\Pi_2(e^{is})$ und nach (4.5) für $\Pi(e^{is})$.

Folglich existiert eine untere Schranke für $\operatorname{Im} \Pi(e^{is})$ und damit für die rechte Seite von (4.3). Die Konstanten A werden durch eine Funktion abgeschätzt, die nur von $d - c$ abhängt.

§ *17. Satz*

Die Funktion $\Omega_1(Z) = \Theta_1 + i\, T_1$ sei für $q < |Z| < 1$ analytisch und auf den Grenzen stetig, in konjugiert komplexen Punkten nehme sie konjugiert komplexe Werte an. Ferner sei $\Theta_1(q\, e^{is}) = \text{const} = k$, und die Schwankung von $\Theta_1(e^{is})$ sei $2\,\tilde{\omega} < \pi$.

Dann gilt

$$\int_0^{2\pi} e^{-T_1(e^{is})} ds \leqq 2\,(\cos\tilde{\omega})^{-1} \int_0^{\pi} \cos T_1(q\, e^{is})\, ds . \tag{4.7}$$

Beweis: Der Kreisring sei längs der positiven reellen Achse aufgeschnitten. Dann transformiert die eindeutige Funktion

$$f(Z) = -i \int_1^Z e^{i\Omega_1(\zeta)} \frac{d\zeta}{\zeta}$$

den Kreis $Z = e^{is}$ in einen Kurvenbogen Γ.

Sein Anfangspunkt ist der Punkt 0, sein Endpunkt ergibt sich nach dem CAUCHYschen Integralsatz

$$-i \oint_{Z=e^{is}} e^{i\Omega_1(\zeta)} \frac{d\zeta}{\zeta} = \int_0^{2\pi} e^{i\Omega_1(e^{is})} ds = \int_0^{2\pi} e^{i\Omega_1(qe^{is})} ds$$

$$= \int_0^{\pi} e^{i\Omega_1(qe^{is})} ds + \int_0^{\pi} e^{i\overline{\Omega_1(qe^{is})}} ds = 2\, e^{ik} J\,.$$

Der Endpunkt von Γ ist also $2\, e^{ik}\, J$ mit

$$J = \int_0^{\pi} \cos T_1(q\, e^{is})\, ds\,.$$

Die Darstellung der Kurve zeigt, daß ihr Winkel mit der reellen Achse $\Theta_1(e^{is})$ ist, wobei man $-\tilde{\omega} \leqq \Theta_1(e^{is}) \leqq \tilde{\omega}$ annehmen kann. Ihre Projektion auf die reelle Achse ist daher

$$\int_0^{2\pi} \cos \Theta_1(e^{is})\, dl \leqq 2\, J\,,$$

wenn l die Bogenlänge bedeutet. Es ist

$$l = \int_0^{2\pi} e^{-T_1(e^{is})}\, ds$$

die Länge der Kurve.

Aus der Abschätzung

$$2\, J \geqq \int_0^{2\pi} \cos \Theta_1(e^{is})\, dl \geqq \cos \tilde{\omega} \int_0^{2\pi} dl = \cos \tilde{\omega} \int_0^{2\pi} e^{-T_1(e^{is})}\, ds$$

folgt die Ungleichung (4.7).

Folgerung: Haben die Schwankungen der Funktionen $\Psi[l]$, die die Hindernisse der Familie definieren, eine obere Schranke $2\,\tilde{\omega}\,(1-\beta) < \pi\,(1-\beta)$, dann kann man diesen Satz auf die Funktion $\Omega_1(Z) = (1-\beta)^{-1}\,\Omega(Z)$ anwenden. Nach § 6 sind die Funktionen $T_1(q\, e^{is})$ wegen $0 \leqq \Psi[l] \leqq \pi$ und $k = (1-\beta)^{-1}\, s_0$ gleichmäßig in $0 \leqq q \leqq$ $\leqq 1 - \eta$ beschränkt. In diesem Fall ist das Theorem von § 15 bewiesen.

§ 18. *Ein Satz über Ränderzuordnung bei einer konformen Abbildung*

$\overline{F_1 F_2}$ und $\overline{F_3 F_4}$ seien zwei fremde Segmente der reellen Achse der komplexen F-Ebene. Das Gebiet D^* vom Flächeninhalt J sei das konforme Bild der oberen F-Halbebene. S sei die Länge des kürzesten Weges in D^*, der das Bild von $\overline{F_1 F_2}$ mit dem Bild von $\overline{F_3 F_4}$ verbindet. Dann gilt

$$S \leqq \sqrt{J}\, \eta\, [-(F_1 F_3 F_4 F_2)] \,. \tag{4.8}$$

Dabei ist $\eta[\varepsilon]$ eine stetige Funktion, die für $\varepsilon = 0$ verschwindet und $(F_1 F_3 F_4 F_2)$ das Doppelverhältnis der Punkte F_1, F_3, F_4, F_2.

Beweis: Durch eine lineare Abbildung werden die Punkte F_1, F_2, F_3, F_4 in die Punkte ∞, e_1, e_2, e_3 übergeführt, wobei noch $e_1 + e_2 + e_3 = 0$ erreicht werden kann. Das elliptische Integral 1. Gattung in der WEIERSTRASSschen Form bildet dann diese Halbebene auf ein Rechteck $R\,(0, \alpha, \alpha + i\,\beta, i\,\beta)$ der Ebene $G + i\,H$ ab, da die e_i reell sind. Wenn g die Abbildung von R auf D^* ist, so gilt

$$J = \int\!\!\int_R |g'|^2\, dG\, dH = \int_0^\alpha dG \int_0^\beta |g'|^2\, dH \,.$$

Nach der SCHWARZschen Ungleichung ist

$$\left(\int_0^\beta |g'|\, dH\right)^2 \leqq \int_0^\beta dH \cdot \int_0^\beta |g'|^2\, dH \,,$$

woraus

$$J \geqq \frac{1}{\beta} \int_0^\alpha dG \left(\int_0^\beta |g'|\, dH\right)^2$$

folgt. Da $\int_0^\beta |g'|\, dH$ die Länge der Kurve in D^* ist, die das Bild von F_1 mit dem Bild von F_4 verbindet, folgt wegen der Bedeutung von S

$$S \leqq \int_0^\beta |g'|\, dH \,,$$

also

$$J \geqq \frac{\alpha}{\beta}\, S^2 \,.$$

Nun ist

$$(F_1 F_3 F_4 F_2) = (\infty, e_2, e_3, e_1) = \bar{\lambda}\left(\frac{i\beta}{\alpha}\right)$$

die elliptische Modulfunktion, die mit dem schon verwendeten Doppelverhältnis λ durch $\bar{\lambda} = 1 - \frac{1}{\lambda}$ zusammenhängt. Wenn x von 0 bis ∞ wächst, so wächst $-\bar{\lambda}(i\,x)$ ebenfalls von 0 bis ∞. Daher gilt

$$-(F_1\,F_3\,F_4\,F_2) \geqq -\bar{\lambda}\left(\frac{i\,S^2}{J}\right). \tag{4.9}$$

Die Monotonie der Modulfunktion gestattet, die Umkehrfunktion einzuführen; sie ist stetig und verschwindet im Nullpunkt. Aus (4.9) folgt dann die Behauptung.

§ 19. *Die Schwankungen der Funktionen* $\Psi[l]$

Die Funktion

$$\begin{aligned} F &= t + \frac{b}{3} \\ &= \wp\left(\frac{\omega}{i\pi}\log Z - \omega'\right) - e_3 - 1 \\ &= \wp\left(\frac{\omega}{i\pi}\log Z - \omega'\right) - e_2 + 1 \end{aligned}$$

bildet den Halbring $q < |Z| < 1$, $Y > 0$ konform auf die obere F-Halbebene ab. $Z' = e^{is'}$ und $Z'' = e^{is''}$ mit $0 \leqq s' < s'' \leqq \pi$ seien zwei Punkte des Halbkreises $|Z| = 1$, $Y \geqq 0$. Für die Lage der Bilder von Z' und Z'' sind zwei Fälle möglich, von denen stets mindestens einer eintritt:

$$\text{a)}\ \wp\left(\frac{\omega}{\pi}s' - \omega'\right) \geqq e_3 + \frac{1}{4}(e_2 - e_3),$$

$$\text{b)}\ \wp\left(\frac{\omega}{\pi}s'' - \omega'\right) \leqq e_2 - \frac{1}{4}(e_2 - e_3).$$

Im ersten Fall sei

$$F_2 = \wp\left(\frac{\omega}{\pi}s' - \omega'\right) - e_3 - 1\,, \quad F_3 = \wp\left(\frac{\omega}{\pi}s'' - \omega'\right) - e_3 - 1\,,$$

$$F_1 = -1\,, \quad F = \infty\,.$$

F_1 ist das Bild des unteren Ablösungspunktes.

Dann wird

$$-\left(F_1 F_3 F_4 F_2\right) = \frac{F_3 - F_2}{F_2 - F_1} = \frac{\wp\left(\frac{\omega}{\pi} s'' - \omega'\right) - \wp\left(\frac{\omega}{\pi} s' - \omega'\right)}{\wp\left(\frac{\omega}{\pi} s' - \omega'\right) - e_3}$$

$$\leqq \frac{4}{e_2 - e_3}\left\{\wp\left(\frac{\omega}{\pi} s'' - \omega'\right) - \wp\left(\frac{\omega}{\pi} s' - \omega'\right)\right\}. \quad (4.10)$$

Im zweiten Fall sei

$$F_2 = \wp\left(\frac{\omega}{\pi} s'' - \omega'\right) - e_2 + 1\,, \quad F_3 = \wp\left(\frac{\omega}{\pi} s' - \omega'\right) - e_2 + 1\,,$$
$$F_1 = 1 \qquad\qquad , \quad F_4 = \infty\,.$$

F_1 ist das Bild des oberen Ablösungspunktes.

Es wird

$$-\left(F_1 F_3 F_4 F_2\right) = \frac{\wp\left(\frac{\omega}{\pi} s'' - \omega'\right) - \wp\left(\frac{\omega}{\pi} s' - \omega'\right)}{e_2 - \wp\left(\frac{\omega}{\pi} s'' - \omega'\right)}$$

$$\leqq \frac{4}{e_2 - e_3}\left\{\wp\left(\frac{\omega}{\pi} s'' - \omega'\right) - \wp\left(\frac{\omega}{\pi} s' - \omega'\right)\right\}.$$

In beiden Fällen gilt also dieselbe Ungleichung.

Das konforme Bild des Halbringes war das Gebiet A. Seien $z' = x' + i\,y'$ und $z'' = x'' + i\,y''$ die Z' und Z'' entsprechenden Punkte des Hindernisses. Zunächst werde der Fall a) untersucht. Eine Kugel Σ vom Durchmesser $d - c$ berühre die z-Ebene in z''. D^* sei die stereographische Projektion von A auf Σ. Dem Bild des Segmentes $\overline{F_1 F_2}$ entspricht in der z-Ebene ein Stück des Hindernisses, das zu dem Gebiet A': $|z - z''| < d - c$, $y \leqq y'$ gehört; dem Bild des Segmentes $\overline{F_3 F_4}$ entspricht die obere freie Linie und ein Stück des Hindernisses bis z''. Da der Winkel der freien Linie mit der x-Achse ständig positiv ist, gehört es zu dem Gebiet A'': $h + y_{p_1} > y \geqq y''$.

D' und D'' seien die Gebiete, die durch die stereographische Projektion aus A' und A'' hervorgehen. Der Abstand der beiden Gebiete D' und D'' ist größer als inf $|\bar{y} - \bar{\bar{y}}|$, wenn $\bar{y}, \bar{\bar{y}}$ die stereographischen y-Koordinaten der Gebiete D', D'' sind, die mit der entsprechenden Koordinate der z-Ebene durch

$$\bar{y} = y\,\frac{(d - c)^2}{z\,\bar{z} + (d - c)^2}$$

zusammenhängen. Der Abstand der Gebiete D' und D'' wird von zwei Punkten erreicht, die in der z-Ebene auf dem Kreis $|z - z''| = d - c$ liegen. Daher ist

$$\inf |\bar{y} - \bar{\bar{y}}| = \frac{1}{2}(y'' - y') .$$

Da die Bilder von $\overline{F_1 F_2}$ und $\overline{F_3 F_4}$ zu D' bzw. D'' gehören, gilt

$$S > \frac{y'' - y'}{2} .$$

Im Fall b) berühre die Kugel Σ die z-Ebene in z'. Dann entspricht dem Segment $\overline{F_1 F_2}$ in der z-Ebene ein Stück des Hindernisses, das zu dem Gebiet A'': $|z - z'| < d - c,\ h + y_{p_1} > y \geqq y''$ gehört, dem Segment $\overline{F_3 F_4}$ entspricht die untere freie Linie und ein Teil des Hindernisses bis z'. Da der Winkel der freien Linie stets positiv und kleiner als π ist, gehört er zu dem Gebiet A': $y \leqq y'$. Die gleichen Überlegungen wie eben liefern auch hier

$$S > \frac{y'' - y'}{2} .$$

Der Flächeninhalt von D^* ist kleiner als $4\pi\left(\frac{d - c}{2}\right)^2$, so daß

$$\frac{S^2}{J} > \frac{(y'' - y')^2}{4\pi (d - c)^2}$$

wird. Aus (4.9) und (4.10) und wegen der Monotonie der Modulfunktion folgt

$$-\bar{\lambda}\left[\frac{i}{4\pi}\frac{(y'' - y')^2}{(d - c)^2}\right] < \frac{4}{e_2 - e_3}\left\{\wp\left(\frac{\omega}{\pi}s'' - \omega'\right) - \wp\left(\frac{\omega}{\pi}s' - \omega'\right)\right\} . \quad (4.11)$$

Die Parameterdarstellung des Hindernisses mit der Bogenlänge l sei

$$x = x(l) , \qquad y = y(l) .$$

Da $\Psi[l]$ der Winkel des Hindernisses mit der x-Achse ist, gilt

$$\frac{dx}{dl} = \cos \Psi[l] , \qquad \frac{dy}{dl} = \sin \Psi[l] .$$

Der Tangentenvektor hat die Komponenten $\mathfrak{t} = (\cos \Psi[l], \sin \Psi[l])$, der Normalvektor die Komponenten $\mathfrak{n} = \left(-\frac{dy}{dl}, \frac{dx}{dl}\right)$, die Krümmung ist

$$\varkappa = \frac{\ddot{y}}{\dot{y}} = \Psi'[l] .$$

Aus $\mathfrak{t}' = \varkappa\, \mathfrak{n}$ folgt die Gleichung

$$\sin \Psi \, d\Psi = \Psi'[l]\, dy$$

und daraus

$$\cos \Psi[l(s'')] - \cos \Psi[l(s')] = \int_{y'}^{y''} \Psi'[l]\, dy\,,$$

$$|\cos \Psi[l(s'')] - \cos \Psi[l(s')]| \leqq |y'' - y'| \operatorname{Max} |\Psi'[l]|\,.$$

Mit der Ungleichung $|\cos \alpha - \cos \beta| \geqq \frac{2}{\pi^2} |\alpha - \beta|^2$ $(0 \leqq \alpha, \beta \leqq \pi)$ erhält man

$$\frac{2}{\pi^2} |\Psi[l(s'')] - \Psi[l(s')]|^2 \leqq |y'' - y'| \operatorname{Max} |\Psi'[l]|$$

und schließlich mit (4.11)

$$-\bar{\lambda}\left[\frac{i}{\pi^5} \frac{|\Psi[l(s'')] - \Psi[l(s')]|^4}{(d-c)^2 \operatorname{Max} |\Psi'[1]|^2}\right] < \frac{4}{e_2 - e_3}\left\{\wp\left(\frac{\omega}{\pi} s'' - \omega'\right) - \wp\left(\frac{\omega}{\pi} s' - \omega'\right)\right\}.$$

Da

$$\frac{\omega}{\pi} \frac{1}{e_2 - e_3} \wp\left(\frac{\omega}{\pi} s - \omega'\right) = \frac{\vartheta_0^2\, \vartheta_3^2}{\vartheta_2^2} \frac{\vartheta_1(v)\, \vartheta_2(v)\, \vartheta_3(v)}{\vartheta_0^3(v)}$$

für $0 \leqq s \leqq \pi$ und $0 \leqq q \leqq 1 - \eta$ beschränkt bleibt, ist

$$\frac{1}{e_2 - e_3}\left\{\wp\left(\frac{\omega}{\pi} s'' - \omega'\right) - \wp\left(\frac{\omega}{\pi} s' - \omega'\right)\right\} \leqq \operatorname{const} (s'' - s')\,.$$

Nach Einführung der Umkehrfunktion folgt daher für beide Fälle die Ungleichung

$$|\Psi[l(s'')] - \Psi[l(s')] < C \operatorname{Max} \{\Psi'[l], d - c\} \quad \eta\, [s'' - s']\,. \quad (4.12)$$

§ 20. Majorisierung der Integrale 4.1

Für eine beschränkte Familie von Hindernissen ist die Konstante C in (4.12) die gleiche. Da $\eta(\varepsilon)$ eine Funktion bezeichnet, die stetig und Null für $\varepsilon = 0$ ist, so kann man zu der positiven Zahl $2\,\tilde{\omega} < \pi$ eine Zahl S finden mit der Eigenschaft: Die Schwankungen der Funktionen $\Psi[l]$ bzw. $\Theta(e^{is})$ sind kleiner als $2\,\tilde{\omega}\,(1 - \beta)$ auf jedem Bogen des Kreises $|Z| = 1$ der Länge $3\,S$.

Um die Integrale (4.1) zu majorisieren, genügt es, eine Schranke für die Integrale

$$\int_{s_1}^{s_2} e^{-(1-\beta)^{-1} T(e^{is})}\, ds \quad (4.13)$$

mit $s_2 - s_1 = S$ zu finden.

Die Funktion $\Theta_1(Z) = \Theta_1 + i\, T_1$ sei analytisch für $q < |Z| < 1$ und reell auf der reellen Achse. Es sei $\Theta_1(e^{is}) = (1-\beta)^{-1}\,\Theta(e^{is})$ für $s_1 - S \leqq \pm s \leqq s_2 + S$ und in den übrigen Punkten konstant. Damit $\Theta_1(e^{is})$ überall stetig wird, sind diese Konstanten

$$k_1 = (1-\beta)^{-1}\,\Theta(e^{i(s_1-s)}) \quad \text{für} \quad 0 \leqq \pm s \leqq s_1 - S\,,$$
$$k_2 = (1-\beta)^{-1}\,\Theta(e^{i(s_2+s)}) \quad \text{für} \quad s_2 + S \leqq \pm s \leqq \pi$$

zu wählen. Auf dem Kreis $|Z| = q$ sei $\Theta_1(Z)$ konstant, und zwar sei

$$\Theta_1(q\,e^{is}) = k_3\,, \quad \text{wenn} \quad \int_0^\pi \Theta_1(e^{is})\,ds = \pi\,k_3$$

ist. Die Konstanten k_1, k_2, k_3 werden wegen $0 \leqq \Theta(e^{is}) \leqq \pi$ für alle Hindernisse durch eine Konstante majorisiert, die nur von S und β abhängt.

Die Randwerte der Funktion $\Omega_1(Z)$ erfüllen die Bedingungen (2.4). Wegen $T_1(q) = 0$ kann $T_1(e^{is})$ nach (2.7) berechnet werden.

Mit (3.14) folgt im Intervall $s_1 - S \leqq \pm s \leqq s_2 + S$

$$T_1(e^{is}) - (1-\beta)^{-1}\,T(e^{is})$$
$$= -\frac{1}{\pi}(1-\beta)^{-1}\left\{\int_0^{s_1-S}\{\Theta(e^{i(s_1-S)}) - \Theta(e^{it})\}\,L(s,t,q)\,dt\right.$$
$$\left.+\int_{s_2+S}^{\pi}\{\Theta(e^{i(s_2+S)}) - \Theta(e^{it})\}\,L(s,t,q)\,dt\right\} + \frac{2\,\omega\,\eta}{\pi^2}\,s\{(1-\beta)^{-1}\,s_0 - k_3\}\,,$$

wo zur Abkürzung

$$\frac{d}{dt}\log\left|\frac{\sigma\left[\frac{\omega}{\pi}(s-t)\right]}{\sigma\left[\frac{\omega}{\pi}(s+t)\right]}\right| = L(s,t,q)$$

gesetzt ist. $L(s,t,q)$ ist nach (3.26′) für $s_1 \leqq s \leqq s_2$, $0 \leqq t \leqq s_1 - S$, $s_2 + S \leqq t \leqq \pi$ in $0 \leqq q \leqq 1 - \eta$ durch eine Konstante unabhängig von q beschränkt. Wegen $0 \leqq \Theta(e^{is}) \leqq \pi$ existiert eine weitere Konstante M, die allein von S und β abhängt, mit der Eigenschaft

$$|T_1(e^{is}) - (1-\beta)^{-1}\,T(e^{is})| < M(S,\beta)$$

für $s_1 \leqq s \leqq s_2$. Daraus folgt

$$e^{-(1-\beta)^{-1}T(e^{is})} < e^{M(S,\beta)}\,e^{-T_1(e^{is})}\,,$$

und die Integrale (4.13) können durch die Integrale

$$\int_{s_1}^{s_2} e^{-T_1(e^{is})}\, ds$$

majorisiert werden. Da die Schwankung von $\Theta_1(e^{is})$ gleich $2\,\omega < \pi$ ist, gilt nach § 17

$$\int_0^{2\pi} e^{-T_1(e^{is})} \leqq 2\,(\cos\tilde{\omega})^{-1} \int_0^{\pi} \cos T_1(q\, e^{is})\, ds\,.$$

Für die Funktion $T_1(q\, e^{is})$ kann man in $0 \leqq q \leqq 1 - \eta$ nach § 6 eine Schranke unabhängig von q finden.

Die Integrale (4.1) besitzen also eine obere Schranke, und das Theorem von § 15 ist bewiesen.

V. Das Existenztheorem

§ 21. *Ein Satz über vollstetige Transformationen*

$\mathfrak{E}$ sei ein linearer, normierter und vollständiger Raum. In der Gleichung

$$x = F(x, k) \tag{5.1}$$

sei x aus dem Raum $\mathfrak{E}$ und k ein reeller Parameter aus dem Intervall K: $k_1 \leqq k \leqq k_2$. $(\mathfrak{E}, K)$ sei das topologische Produkt von $\mathfrak{E}$ und K mit dem Abstand $\|x - x'\| + |k - k'|$ der beiden Elemente (x, k) und (x', k'). Die Transformation $F(x, k)$ sei auf dem Abschluß $\overline{\mathfrak{M}}$ einer offenen und beschränkten Menge $\mathfrak{M} = (\mathfrak{m}, K)$ von $(\mathfrak{E}, K)$ erklärt, für jedes k aus K vollstetig in x und für jedes x gleichgradig stetig auf K. Ferner liege für kein k eine Lösung x von (5.1) auf dem Rand von $\mathfrak{m}$.

Der topologische Grad im Punkt 0 bezüglich $\mathfrak{m}$ der Transformation

$$y = x - F(x, k) \tag{5.2}$$

heißt Totalindex der für den Parameterwert k in $\mathfrak{m}$ enthaltenen Lösung von (5.1). Der Totalindex bleibt für jedes k aus K konstant. Daher kann er dadurch bestimmt werden, daß man die Gleichung für ein spezielles k_0 betrachtet, wo sie einfach wird. Ist der Totalindex für k_0 von Null verschieden, so ist er es stets, und die Gleichung (5.1) hat für jedes k in $\mathfrak{m}$ wenigstens eine Lösung.

§ 22. *Anwendung auf das Totwasserproblem*

Das Totwasserproblem wurde in § 11 auf die Gleichung

$$Y = U\{Y, \Psi[l], c, d, h\} \tag{5.3}$$

zurückgeführt. Dabei ist $Y = [l(s), \lambda]$ Element des Banach-Raumes $\mathfrak{E}$. Die Transformation U ist auf jeder Menge in $\mathfrak{E}$ definiert, auf der

$0 < \lambda < 1$ ist. Neben der Gleichung (5.3) wird noch die Gleichung

$$Y = U\left\{Y, k\,\Psi[l] + (1-k)\frac{\pi}{2}, c, d, h\right\} \tag{5.4}$$

mit $0 \leqq k \leqq 1$ betrachtet. Sie entspricht dem Totwasser, das durch das Hindernis

$$k\,\Psi[l] + (1-k)\frac{\pi}{2} \tag{5.5}$$

gebildet wird. Variiert k von 1 bis 0, so geht das Hindernis (5.5) stetig in eine Gerade über, die senkrecht zur Strömung steht. Die Transformation (5.4) ist für festes Y gleichgradig stetig in k und für jedes k vollstetig.

Nach den Abschätzungen des § 14 ist zu einem vorgegebenen h die rechte Seite von (3.20) sicher kleiner als h für $\lambda \leqq \eta_1$ und jedes $l(s)$. Ferner ist nach § 20 das Integral

$$\frac{1}{q} J = \int_0^{\pi} e^{-T(e^{is})} \frac{\bar{Q}(e^{is})}{q} ds$$

durch eine Konstante unabhängig von λ für $\lambda \geqq 1 - \eta$ und $l(s)$ beschränkt. Daher wird die rechte Seite von (3.20) größer als h für $\lambda \geqq 1 - \eta_2$. Die Zahl $\eta = \mathrm{Min}(\eta_1, \eta_2)$ liefert ein Intervall J_η: $\eta \leqq \lambda \leqq 1 - \eta$, auf dessen Rand keine Lösung von $\lambda = W\{Y, \Psi[l], c, d, h\}$ liegt.

Nach dem Theorem von § 15 liegen alle Lösungen von (3.15) für eine beschränkte Familie von Hindernissen und λ aus J_η innerhalb einer Hyperkugel $\mathfrak{k}$. Als Menge $\mathfrak{m}$ des Fixpunkttheorems ist die Menge aller Elemente $[l(s), \lambda]$ mit $l(s)$ in $\mathfrak{k}$ und λ in J_η geeignet. Der Totalindex ist folglich unabhängig von k.

Für $k = 0$ ist die Transformation U unabhängig von $l(s)$. Der Totalindex der Lösungen von (5.4) ist daher der Abbildungsgrad der analytischen Funktion von λ

$$y = \lambda - W(\lambda, c, d, h)$$

im Punkt 0 auf J_η. Da y für $0 < \lambda < 1$ zwischen $-\infty$ und 1 variiert, ist dieser Grad 1. Der Totalindex der in $\mathfrak{m}$ liegenden Lösungen von (5.4) ist für jedes k von Null verschieden, und das Totwasserproblem hat stets eine Lösung.

LITERATUR

[1] Leray, J., Les problèmes de représentation conforme d'Helmholtz; théories des sillages et des proues. Commentarii mathematici Helvetici **8** (1935) 149.

[2] Villat, M. H., Sur la résistance des fluides. Annales de l'Ecole normale supérieure **28** (1911) 203.

[3] Villat, M. H., Sur le mouvement d'un solide donné dans un fluide limité par une paroi fixe. Journal de Mathématiques **7** (1911) 353.

[4] Villat, M. H., Le Probléme de Dirichlet dans une aire annulaire. Rendiconti del Circolo Mathematico di Palermo **23** (1912) 134.

[5] Leray-Schauder, Topologie et équations fonctionelles. Annales de l'Ecole normale supérieure **51** (1934) 45.

[6] Kravtschenko, M. J., Sur le problème de reprêsentation conforme de Helmholtz, Théorie des sillages et des proues. Journal de Mathématiques **20** (1941) 35.

[7] Oudart, A., Sur le chéma de Helmholtz-Kirchhoff. Journal de Mathematiques **22** (1943) 245 und **23** (1944) 1.

[8] Tricomi, F., Elliptische Funktionen. Akadem. Verlagsges., Leipzig 1948.

Fortsetzung von der 2. Umschlagseite

Band 100

Heft 1 Prof. Dr. HEINRICH BRANDT, Über Stammfaktoren bei ternären quadratischen Formen
24 Seiten — 8° — 1952 — DM 2,25

Heft 2 Dr. PAUL GÜNTHER, Zur Gültigkeit des Huygens'schen Prinzips bei partiellen Differentialgleichungen vom normalen hyperbolischen Typus. 43 S. — 8° — 1952 — DM 5,—

Heft 3 Dr. ALFRED MÜLLER, Die Schaubarkeit in der Axonometrie
22 Seiten — 3 Falttafeln — 8° — 1952 — DM 3,—

Heft 4 Prof. Dr.-Ing. ENNO HEIDEBROEK, Die Beziehungen zwischen Härte, Schmierung und Verschleißfestigkeit. Nachdruck — 40 S. — 10 Abbildungen — 8° — 1954 — DM 3,40

Heft 5 Prof. Dr. ROBERT SCHRÖDER, Frauenheilkunde in Forschung und Praxis
22 Seiten — 8° — 1952 — DM 1,35

Heft 6 Dr. ROLF REISSIG, Die pandiagonalen Quadrate vierter Ordnung
54 Seiten — 8° — 1952 — DM 5,—

Heft 7 Prof. Dr. MAX ROBITZSCH, Die Erforschung der Atmosphäre, ihre Methodik und ihre Probleme. 30 Seiten — 12 Abbildungen — 4 Kunstdrucktafeln — 8° — 1953 — DM 2,50

Band 101

Heft 1 Prof. Dr. KURT SCHWABE, Periodische Erscheinungen bei der anodischen Auflösung des Zinks 33 Seiten — 14 Abbildungen — 8° — 1954 — DM 3,—

Heft 2 Dr. UDO PIRL, Positive Lösungen einer nichtlinearen Integralgleichung
44 Seiten — 2 Abbildungen — 8° — 1953 — DM 4,—

Heft 3 Dr. JOACHIM FOCKE, Asymptotische Entwicklungen mittels der Methode der stationären Phase 2. unveränderte Auflage — 48 Seiten — 8° — 1957 — DM 4,80 *(vergriffen)*

Heft 4 Prof. Dr. HANS SALIÉ, Zur Verteilung natürlicher Zahlen auf elementfremde Klassen
26 Seiten — 8° — 1954 — DM 2,50

Heft 5 Prof. Dr.-Ing. ENNO HEIDEBROEK, Die Verantwortlichkeit des Ingenieurs
22 Seiten — 8° — 1954 — DM 1,—

Heft 6 Prof. Dr. HANS SCHUBERT / Dr. ERICH SCHINCKE, Zur Ermittlung von Unterschallströmungen mit der Transformationsmethode bei quadratischer Approximation der Adiabate 32 Seiten — 6 Abbildungen — 2 Tabellen — 8° — 1955 — DM 2,30

Heft 7 Dr. HELMUT SCHAEFER, Neue Existenzsätze in der Theorie nichtlinearer Integralgleichungen 40 Seiten — 8° — 1955 — DM 2,40

Band 102

Heft 1 Dr. PAUL GÜNTHER, Über einige spezielle Probleme aus der Theorie der linearen partiellen Differentialgleichungen zweiter Ordnung. 50 S. — 8° — 1957 — DM 4,60 *(vergriffen)*

Heft 2 Prof. Dr. HANS SCHUBERT / Dr. ERICH SCHINCKE, Zum Konturproblem der Hodographenmethode im Unterschall 25 Seiten — 8° — 1957 — DM 2,20

Heft 3 Prof. Dr. FRANZ RUNGE, Über die Polymerisation ungesättigter organischer Verbindungen 13 Seiten — 1 Tabelle — 8° — 1957 — DM 1,—

Heft 4 Dr. VICTOR VÂLCOVICI, Une extension des liaisons non holonomes et des principes variationnels 39 Seiten — 8° — 1958 — DM 2,40

Heft 5 Dr. ROLF KLÖTZLER, Beiträge zur Theorie mehrdimensionaler Variationsprobleme mit geknickten Extremalen 72 Seiten — 8° — 1958 — DM 4,30

Heft 6 Prof. Dr. PAULA HERTWIG, Strahlenschäden und Strahlenschutz im zellulären Bereich
43 Seiten — 14 Abbildungen — 4 Tafeln — 6 Tabellen — 8° — 1957 — DM 2,—

Heft 7 Prof. Dr. WILHELM TREIBS, Entwicklungslinien der organischen Chemie
25 Seiten — 8° — 1957 — DM 1,40

Band 103

Heft 1 Prof. Dr. GEORG SPACKELER, Über die Möglichkeit einer Lieferung von Magnesiumsulfat als Düngemittel seitens des Kalibergbaus der Deutschen Demokratischen Republik
Prof. Dr. ANTON ARLAND, Magnesium im Landbau
38 Seiten — 1 Abbildung — 2 Landkarten — 8° — 1958 — DM 1,90

Heft 2 Prof. Dr. HEINRICH BREDT, Über den Tod. Eine naturwissenschaftliche Betrachtung
26 Seiten — 8° — 1958 — DM 1,10 *(vergriffen)*

Heft 3 Dr. HANS WUSSING, Über Einbettungen endlicher Gruppen
38 Seiten — 8° — 1958 — DM 2,50

Heft 4 Prof. Dr. ERNST NEEF, Über die Veränderlichkeit unserer geographischen Umwelt
19 Seiten — 8° — 1959 — DM 1,20

Heft 5 Prof. Dr. WOLFGANG LANGENBECK, Zur Biochemie der Spurenmetalle. Mit Diskussionsbeiträgen 16 Seiten — 4 Tabellen — 8° — 1959 — DM 1,—

Heft 6 Prof. Dr. HANS SCHUBERT / Dr. ERICH SCHINCKE, Die Berechnung einer zirkulationslosen Unterschallströmung um den Kreiszylinder mit der Hodographenmethode
42 Seiten — 12 Abbildungen — 4 Tabellen — 8° — 1959 — DM 4,20

Heft 7 Prof. Dr. PAULA HERTWIG, Anpassung, Vererbung und Evolution
35 Seiten — 14 Abbildungen — 8° — 1959 — DM 3,20

Band 104

Heft 1 Prof. Dr. KARL SCHMALFUSS, Über das Ausmaß der biologischen Bindung des elementaren Stickstoffs. Der Einfluß assimilierbarer Stickstoffverbindungen
19 Seiten — 2 Abbildungen — 6 Tabellen — 8° — 1960 — DM 1,35

Heft 2 Prof. Dr. ANTON LISSNER, Charakteristische Eigenschaften der Braunkohlen
20 Seiten — 10 Abbildungen — 3 Tabellen — 8° — 1960 — DM 2,—

Heft 3 Prof. Dr. FRITZ STATHER, Zur Charakteristik pflanzlicher und synthetischer Gerbstoffe und deren kombinierte Verwendung bei der Gerbung
19 Seiten — 8° — 1960 — DM 1,10

Heft 4 Prof. Dr. HEINRICH PRELL, Bemerkungen zur Geschichte der englischen Längenmaß-Systeme 74 Seiten — 3 Tabellen — 8° — 1962 — DM 4,90

Heft 5 Prof. Dr. OTT-HEINRICH KELLER, Zur Berechnung des Galoisschen Körpers und der Galoisschen Gruppe einer Gleichung in erträglich vielen Schritten
23 Seiten — 8° — 1961 — DM 2,—

Heft 6 Dr. ROLF KLÖTZLER, Die Konstruktion geodätischer Felder im Großen in der Variationsrechnung mehrfacher Integrale. 84 Seiten — 1 Abbildung — 8° — 1961 — DM 7,—

Heft 7 Prof. Dr. ARTHUR SIMON, Gitteraufbau und Katalyse bei der Gasentschwefelung
21 Seiten — 16 Abbildungen — 8° — 1961 — DM 2,10

Band 105

Heft 1 Prof. Dr.-Ing. FRITZ OBENAUS, An der Grenze zwischen Hochspannungstechnik und Physik 19 Seiten — 14 Abbildungen — 8° — 1961 — DM 2,40

Heft 2 Prof. Dr. GEORG MERREM, Die klinisch-biologische Wertigkeit der Hirngeschwülste
23 Seiten — 7 Abbildungen — 2 Tabellen — 8° — 1962 — DM 1,90

Heft 3 Dr. ERICH SCHINCKE, Stetige schallnahe Potentialströmungen um eine Familie symmetrischer Profile mit abgerundeter Nase und ihre Grenzlinieneigenschaften
73 Seiten — 23 Abbildungen — 8° — 1963 — DM 8,90

Heft 4 Prof. Dr. WILHELM MAIER, Aus der analytischen Zahlentheorie
15 Seiten — 8° — 1963 — DM 2,—

Heft 5 Prof. Dr. WOLFGANG BUCHHEIM, Zur Theorie der geoelektrischen Erkundungsmethodik und Systematik der geoelektrischen Effekte *In Vorbereitung*

Heft 6 Prof. Dr. WALTER BREDNOW, Christoph Wilhelm Hufeland, Arzt und Erzieher im Lichte der Aufklärung 25 Seiten — 8° — 1964 — DM 1,65

Heft 7 *Vorliegendes Heft*

Einzel- oder Fortsetzungsbestellungen durch eine Buchhandlung erbeten

Vor 1945 erschienene Berichte antiquarisch durch den Akademie-Verlag, Berlin, zum Teil noch lieferbar

AKADEMIE-VERLAG · BERLIN

FSC
www.fsc.org
MIX
Papier | Fördert gute Waldnutzung
FSC® C083411

Kolibri 360 GmbH
Ferdinand-Jühlke-Straße 7
99095 Erfurt, Deutschland
produktsicherheit@kolibri360.de